詳説 ユーザビリティのための産業共通様式

著者：福住 伸一・平沢 尚毅

KDD

近代科学社 Digital

はじめに

　コンピュータが一般的に使われるようになったのは1980年代後半のことである。当時コンピュータを扱うのは非常に厄介であり、便利になるどころかかえって疲れてしまう、ということが多々あった。ユーザビリティという概念はこの頃から提唱されてきたが、その語源 (usability: use+ability) からもわかるように、当初は、厄介なコンピュータを「何とかして使えるようにする」ということが目標であった。その後、CPUやOSの進歩に伴い少しずつ使いやすくなってきたが、今度は開発側が様々なインタフェースを提供するようになり、本来守られるべき「デザイン原則」が崩れるようになってきた。

　このような時代を経て、1998年にユーザビリティに関する国際規格 (ISO 9241-11) が発行され、その考え方が広まるようになった。しかしながらユーザビリティの定義は、現在でも「特定の利用状況において特定のユーザがシステム・製品・サービスを使う際に、特定の目的を効率、効果、満足度をもって達成できる度合い」であり、対象はあくまでも「特定のユーザ」である。このため、様々な特性を有する人々にとっては、コンピュータは相変わらず使いにくい機械であった。そこで「何とかして使えるようにする」という観点に立ち戻ることで生じた考え方が、アクセシビリティである。

　また、近年、ユーザビリティは、1対1の関係でコンピュータを使う人が「使いやすい」と感じることだけではなく、それを使ったことによる組織や社会への影響まで幅広く捉える必要が生じてきた。そのため、従来のようにいったん作ったシステムを評価・修正するという手順では、広範なユーザビリティ要求には対応できなくなってきている。ましてや大規模システムにおいては影響を受ける対象（ステークホルダ）が多様化しているため、開発の上流段階から人間中心設計 (Human Centered Design: HCD) の考えを適用し、利用状況の把握、ユーザニーズの抽出、ユーザ要求事項の明確化を行っていかなければならい。

　このことを実現するための手段としてISO/IEC JTC1 SC7（ソフトウェア及びシステム技術）とISO TC159 SC4(Ergonomics of human system interaction)の合同チームから、以下に示す「ユーザビリティのための産業共通様式(Common Industry Format for usability related information: CIF)」がシリーズ規格として発行されてきた。この規格群は、人間中心設計の各活動において、どのような情報をどのように記述・報告・仕様化すればよいのかを書式(フォーマット)として用意したものである。

- ISO/IEC TR 25060: Systems and software engineering—Systems and software product Quality Requirements and Evaluation (SQuaRE)—Common Industry Format(CIF) for usability—General framework for usability-related information, 2010.
- ISO/IEC 25062: Software engineering—Software product Quality Requirements and Evaluation(SQuaRE)—Common Industry Format(CIF) for usability test reports, 2010.
- ISO/IEC 25063: Systems and software engineering—Systems and software product Quality Requirements and Evaluation(SQuaRE)—Common Industry Format (CIF) for usability: Context of use description, 2014.
- ISO/IEC 25064: Systems and software engineering—Software product Quality Requirements and Evaluation(SQuaRE)—Common Industry Format(CIF) for usability: User needs report, 2013.
- ISO 25065: Systems and software engineering—Systems and software Quality Requirements and Evaluation(SQuaRE)—Common industry Format for Usability — User Requirements Specification, 2019.
- ISO/IEC 25066: Systems and software engineering—Systems and software Quality Requirements and Evaluation(SQuaRE)—Common industry Format for Usability—Evaluation Report, 2016.

　人間中心設計の実施による具体的な成果としては、最近の市場動向であるUX(User Experience)の実装、ユーザビリティやアクセシビリティの確保、危害からの回避などが挙げられる。これらは総じて利用時品質の確保につながり、現代のシステム/製品/サービスにとっては不可欠である。つ

まり、開発プロセスに人間中心設計を統合することは、そのプロセスによって生み出されたシステム/製品/サービスの市場優位性やブランド形成につながるということである。一方、発注者側も、前述の成果を獲得するために、システムの調達条件や企業間の契約に「人間中心設計を実施する」という要求事項を盛り込む必要がある。そして、開発側がこの要求に応じるには、人間中心設計を適切に実施できることを認証されている必要がある。

　そこで、開発側の人間中心設計の実施能力をアセスメントするためのフレームワークとして、2023年に国際標準 ISO 9241-221 が発行された。このアセスメントを実施する際には、人間中心設計を実施したことによる中間成果物が求められるが、その書式は、本書で紹介する CIF シリーズによって定められている。この人間中心設計の実施能力の認証は、企業間のみならず、国を超えた業界間の規制などにも利用されることが想定できる。

　本書では、第1章で CIF シリーズの概要を説明し、第2章から第5章では利用状況の記述、ユーザニーズ、ユーザ要求事項、評価について、EC サイト開発の事例とともに解説している。また、第6章では、様々な事例を用意して、具体的な記述の仕方を紹介している。CIF シリーズは、今後、調達要求事項や人間中心設計の実施能力の認証と連携される可能性があるため、発注側・受注側ともに十分に理解しておく必要がある。その際に本書を用いていただけたら幸いである。

　なお、本書には、いくつかの表記ゆれがあることを了解いただきたい。可能な限り表記を統一したいところではあるが、国際標準規格を基に JIS 規格や邦訳を作成する際に、その年代と専門委員会の違いによって用語の表記を統一できないことがある。今回は、参照する JIS 規格や邦訳の内容を確認する際に混乱が生じないように、参照先の用語の表記を優先している。特に、重要な表記ゆれがあるものは、次の用語である。

・usability: 使用性／ユーザビリティ
・usability test: 使用性試験／ユーザビリティテスト
・effectiveness: 有効性／効果
・efficiency: 効率性／効率
・satisfaction: 満足性／満足

　最後になりましたが、第2章から第5章で紹介したECサイトの事例は、株式会社yepの昆裕子氏が自らの開発にCIFシリーズを適用し、作成されたものです。掲載にあたり、ここに感謝の意を記します。また、本書を出版するにあたり、著者を叱咤激励し、多大なご尽力をいただいた、石井沙知様および近代科学社の皆様に感謝いたします。

2024年3月

福住 伸一

平沢 尚毅

目次

第1章 ユーザビリティのための産業共通様式

第2章　利用状況記述書

第3章　ユーザニーズ報告書

第4章　ユーザ要求事項仕様書

第5章　ユーザビリティ評価報告書

第6章　事例集

第1章

ユーザビリティのための産業共通様式

1.1　人間工学規格と関連する情報技術規格

　一般に人間工学国際規格とは、ISO (International Standardization for Organization：国際標準化機構) における TC (Technical Committee：技術委員会) 159番(Ergonomics)で扱われている規格群を指す。これ以外にも航空、自動車などドメインごとで人間工学に関する規格が策定されているが (JISハンドブック [1] 参照)、広くカバーしているのはこの TC159である。図1.1に人間工学規格体系図を示す。この図に示すように、ISO TC159は4つのSC (Sub Committee：専門委員会) から構成され、テーマごとにWG (Working Group：作業部会) が設けられている。SC1 (人間工学の一般原則)、SC3 (人体測定と生体力学)、SC5 (物理的環境の人間工学) の3つは、人間工学の基本および労働衛生から発展した人間工学領域に関する内容である (SC2は活動終了)。これに対しSC4は、「人とシステムとのインタラクション」すなわちコンピュータを介した人間の作業に関する内容であり、様々なハードウェアやソフトウェア、環境などが関わるため、規格内容も多岐にわたっている。図1.1でSC4には9つの作業部会が存在することが示されているが、そこでは多くの規格が審議されている。それらのほとんどがインタラクティブシステムに関する人間工学規格であり、ISO 9241シリーズとして体系化されている。表1.1にその規格体系を示す。

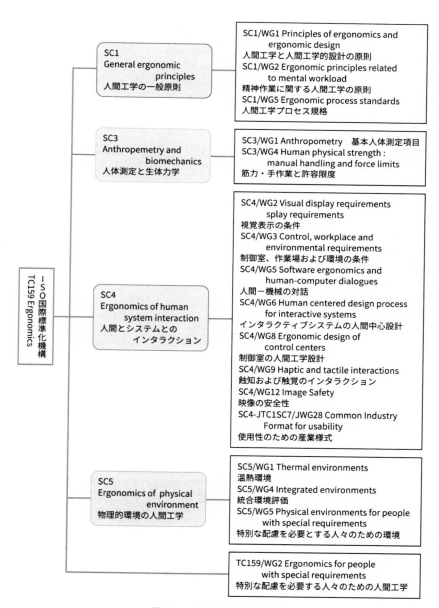

図 1.1　人間工学規格体系図

表1.1　インタラクティブシステムに関する人間工学規格体系 ISO 9241 シリーズ

パート	テーマ
1	通則
2	仕事の要求事項
3-9	VDT (Visual Display Terminals: 視覚表示、入出力関連、作業環境など) のハードウェア (多くは廃版となり、300 ～ 600 番台の規格に移行)
10	対話の原則 (2010 年に 9241-110 に改版)
11	ユーザビリティの定義および概念
12-17	VDT (Visual Display Terminals : 視覚表示、入出力関連) のソフトウェア (多くは廃版となり、100 番台の規格に移行)
20	情報通信技術 (ICT) 装置とサービスのアクセシビリティ
21-99	将来対応
100-	ソフトウェアの人間工学
200-	人とシステムとの対話プロセス
300-	ディスプレイと関連するハードウェア
400-	入力デバイス―人間工学的原則
500-	作業場の人間工学
600-	作業環境の人間工学
700-	特定の適応領域 (制御室等)
800-	その他 (AI、VR など)
900-	触力覚の対話

　これらの規格の詳細は、JIS ハンドブック (2023) もしくは日本人間工学会のウェブサイト [2] を参照されたい。本書で扱う「ユーザビリティのための産業共通様式」(Common Industry Format for usability: CIF) [3] は、図1.1 の SC4 の作業部会内で「使用性のための工業様式」と旧名称で示されており、ISO 9241 シリーズではないものの、ISO 9241 シリーズの特に ISO 9241-11、210、220 などとの関連が深い。これについては1.2 節で詳細に述べる。

　ISO 9241 シリーズは「コンピュータを介した人間の作業に関する規格」なので、これを論じるために、関連するコンピュータ側の規格についても説明する。コンピュータ側の規格審議委員会として知られているのは、国際標準化機構 (ISO) と国際電気標準会議 (IEC: International Electrotechnical Commission) との合同技術委員会 (Joint TC1：JTC1 情報技術分野) である。この ISO/IEC JTC1 では、2024年3月時点で22の SC が活動中で、

このうち本書のテーマに関係するのが、「SC7：ソフトウェア及びシステム技術」である。このISO/IEC JTC1 SC7はソフトウェアエンジニアリング全般を扱っており、全部で16の作業部会(WG)が活動している（表1.2）。

表1.2 ISO/IEC JTC1 SC7の活動構成 （[4]を一部変更）

WG 番号	テーマ
WG2	システム、ソフトウェア及び IT サービスの文書化
WG4	ツールと環境
WG6	ソフトウェア製品及びシステムの品質
WG7	ライフサイクル管理
WG10	プロセスアセスメント
WG19	IT システムの仕様化技術
WG20	ソフトウェア及びシステム知識体系とプロフェッショナル形成
WG21	情報技術資産管理
WG22	基本用語及び語彙
WG24	小規模組織のソフトウェアライフサイクル
WG26	ソフトウェアテスト
JWG28	ユーザビリティのための産業共通様式
WG29	アジャイル及び DevOps
WG30	システムレジリエンス
WG42	アーキテクチャ
JWG29	AI システムのテスト

　ISO/IEC JTC1 SC7のうち WG6「ソフトウェア製品及びシステムの品質」では、SQuaRE(System and software Quality Requirement and Evaluation)という、ソフトウェアの品質要求と評価に関する規格シリーズを用意している。その構成を表1.3に示す。SQuaREシリーズには、品質要求、品質モデル、品質管理、品質測定、品質評価の各パートと拡張パートが用意されており、拡張パートの一部がISO/IEC 2506x「ユーザビリティのための産業共通様式」すなわち本書で扱うCIFである。これは表1.2のJoint WG(JWG)28のテーマ（ユーザビリティのための産業共通様式：Common Industry Format for usability）であり、規格自体はSQuaREシリーズの中に組み込まれている。JWG28はISO/IEC JTC1 SC7とISO TC159 SC4との合同専門委員会の下に作られた合同の作業部会であるた

め、ここで審議されているCIFは、ソフトウェアエンジニアリング関連規格であるとともに人間工学関連規格でもある。

　また、SQuaREシリーズの中の品質モデルパートには、ISO/IEC 25010 (Product Quality Model)、ISO/IEC 25019 (Quality-in-Use model) という規格が存在する（この他にもデータ品質、サービス品質が規定されている）。前者はインタラクティブシステムの設計において、後者は人間中心設計の活動中の「利用状況の把握と明示」において重要な役割を果たす。これらの詳細は1.6節で述べる。

表1.3　SQuaRE シリーズの構成

SQuaRE アーキテクチャとサブプロジェクト		
ISO/IEC 2503x： 品質要求パート	ISO/IEC 2501x： 品質モデルパート	ISO/IEC 2504x： 品質評価パート
	ISO/IEC 2500x： 品質管理パート	
	ISO/IEC 2502x： 品質測定パート	
ISO/IEC 25050-25059: SQuaRE Extension Division ISO/IEC 2506x：ユーザビリティのための産業共通様式パート		

1.2　人間中心設計関連規格とCIF

　人間中心設計自体は新しい考え方ではなく、古くから人間工学の基本的な考え方として存在してきた。1998年頃から、これをインタラクティブシステムの設計に適用してシステムのユーザビリティを高めるための規格化が始まり、ISO 9241-210(JIS Z8530)の確立に至った。この文書では、人間中心設計の活動を「利用状況の把握と明示」「ユーザ要求事項の明示」「ユーザ要求事項に対応した設計解の作成」「ユーザ要求事項に対する設計の評価」の4つのパートに分類して、やるべきことを規定している。また、人間中心設計自体は以下のように定義されている。

システムの利用に焦点を当て、人間工学（ユーザビリティを含む。）の知識及び技法を適用することによって、インタラクティブシステムをより使いやすくすることを目的とするシステムの設計及び開発へのアプローチ

注釈1　この規格が、一般的にユーザとみなされる人々に加えて、多くのステークホルダへの影響にも対応していることを強調するため、"ユーザ中心設計"ではなく"人間中心設計"という用語を用いる。実際には、"ユーザ中心設計"および"人間中心設計"という用語は、しばしば同義語として用いられる。
注釈2　使いやすいシステムは、生産性の向上、ユーザの快適さの向上、ストレスの回避、アクセシビリティの向上、リスクの軽減を含む多くの利点を提供する。

　一方、コンピュータが出現し少しずつ世の中に広まってきた1980年代頃からはユーザビリティについても議論され、人間中心設計と同じく1998年頃に定義としてかたまり、多少の変更を経て以下のように定義された。

特定の利用状況において特定のユーザーがシステム・製品・サービスを使う際に、特定の目的を効率、効果、満足度をもって達成できる度合い(2018、　JIS Z8521:2020)

　図1.2にユーザビリティの概念を示す。図内における用語の意味は、以下の通りである。

・効果：正確さ、（意図したゴールに対する）完成度
・効率：使用時間、利用者の労力、コスト、資源
・満足：身体的反応（疲労）、認知的反応（知覚、動作など）、感情的反応（好みなど）

・アクセシビリティ：製品、システム、サービスと環境に対して、ユーザ要求やユーザ特性、ユーザ能力の範囲を最も広げた母集団が使える程度
・危害の回避：効果、効率、満足の低下やアクセシビリティの欠如、ネガティブな影響の最小化

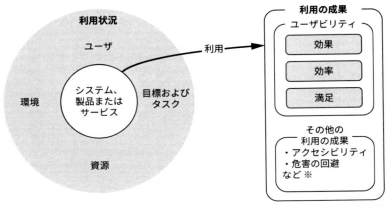

※ 例えば、ユーザエクスペリエンスの一部

図1.2　ユーザビリティの概念

　図1.2から分かるように、ユーザビリティとは、ある特定の利用状況（ユーザがある目標のためにある環境や資源を用いて行うタスク）においてシステムや製品またはサービスを「利用」したときの「利用の成果」の一部である「効率」「効果」「満足」を意味し、人間中心設計の定義の注釈2にも書かれているように、アクセシビリティやリスクの軽減などにも影響を与える。したがって、インタラクティブシステムのユーザビリティを向上させるためには、まずは利用状況を確実に捉えることが重要である。表1.4に人間中心設計の各活動概要および成果物を、図1.3にISO 9241-210で示されている人間中心設計の各活動の相互関係を示す。

表1.4 人間中心設計の各活動およびその成果の例

活動	成果	成果に含まれる情報の例
利用状況の理解と明示	利用状況の記述	**利用状況記述書** ・ユーザグループプロファイル ・現状のシナリオ ・ペルソナ
ユーザ要求事項の明示	・ユーザニーズ（ユーザがやりたいことを実現するための前提条件） ・ユーザ要求事項（ユーザがやりたいことを実現するために必要な項目））	**ユーザニーズ報告書** ・特定のユーザニーズ **ユーザ要求事項仕様書** ・抽出されたユーザ要求事項 ・設計の手引き
ユーザ要求事項に対応した設計解の作成	・ユーザシステムインタラクションの仕様 ・ユーザインタフェースの仕様 ・実装されたユーザインタフェース	**ヒューマンシステムインタラクション設計の仕様書** ・使い方のシナリオ ・実装されたユーザインタフェースのプロトタイプ
ユーザ要求事項に対する設計の評価	・ユーザビリティ試験結果 ・フィールド調査結果 ・ユーザ調査結果	**ユーザビリティ評価報告書** ・評価結果 ・適合性試験結果 ・ユーザ調査報告書 **フィールド調査報告書** ・長期モニタリング結果

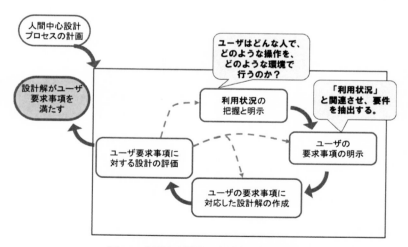

図1.3 人間中心設計の各活動の相互関係

　これらより、インタラクティブシステムのユーザビリティを高めるためには、大前提として利用状況を把握し、その上で開発プロセスの各フェー

ズに「ユーザニーズ（前提条件）を明確にしてユーザ要求事項を明示し、要求事項に対応した設計解の作成や設計の評価を行う」という人間中心設計プロセスを適用することが求められる。

　CIFは、表1.5に示す通り、人間中心設計の活動成果を具体的にまとめる以下の書式を規定するもので、表1.4の「成果に含まれる情報の例」に示す各文書がCIFの各パートに相当する（「はじめに」に示したISO/IEC 25066は、ISO/IEC25062と統合してISO 25062とすべく審議中である）。本書の1.5節で「ユーザビリティ関連情報のための一般的な枠組み」について、第2章以降で各文書の詳細について述べる。

・ユーザビリティ関連情報のための一般的な枠組み
・ユーザビリティ評価報告書（審議中）
・利用状況記述書
・ユーザニーズ報告書
・ユーザ要求事項仕様書
・人とシステムとのインタラクション設計の仕様書（審議中）
・フィールドデータ報告書（構想段階）

表1.5　CIFの全体像

書式のタイトル	規格番号
ユーザビリティ関連情報のための一般的枠組み	ISO/IEC 25060
ユーザビリティ評価報告書	ISO 25062（審議中）
利用状況記述書	ISO/IEC 25063
ユーザニーズ報告書	ISO/IEC 25064
ユーザ要求事項仕様書	ISO 25065
人とシステムとのインタラクション設計の仕様書	ISO 25067（審議中）
フィールドデータ報告書	（構想段階）

　なお、CIFにはISOとISO/IECの2種類の規格番号が存在する。JWG28は当初JTC1 SC7が主体となって運営されていたためにISO/IEC番号であったが、2019年以降はTC159主体で運営されることとなり、その結果、それ以降の発行規格（改訂も含めて）はISO番号となった。

1.3 人間中心設計プロセス規格ISO 9241-220

1.3.1 ISO 9241-220の役割

　これまでに述べたように、ISO 9241-210は人間中心設計の基本原則とその活動概要についての規格である。これを実際の開発プロジェクトに適用するためのプロセスの詳細を記述した規格がISO 9241-220である。プロセスは「インプットを使用して意図した結果を生み出す、相互に関連するまたは相互に作用する一連の活動」と定義され、インプットや結果の様式を定めているのがCIFである。

　ISO 9241-220にはISO/IEC TR24774に記載された様式が用いられ、明確で一貫した構造となっている。これに従うことによって、従来の開発プロセスに人間中心設計を統合したプロセスモデルを構築し、適正な期間でユーザニーズに適合した効果的なシステム開発の実現を想定している。具体的には、開発組織における次のような活動へ応用できる。

・ユーザ要求事項を満たすシステム開発を実施する組織能力の評価
・人間中心設計を実施する組織能力を妨げる要因の分析
・利用した結果が期待に反する事態をもたらすリスクへの対策
・同様のプロセス様式を持つ規格であるISO/IEC/IEEE 12207(JIS X0160)やISO/IEC/IEEE 15288(JIS X0170)との連携（ISO/IEC/IEEE 12207では、人間中心設計およびユーザビリティに関するプロセスとしてISO 9241-220が参照されている）

1.3.2 ISO 9241-220の概要

　ISO 9241-220は、図1.4に示されるHCP（Human Centered design Process、人間中心設計プロセス）1〜4の4つのプロセスカテゴリによって構成されている。HCP 1とHCP 2は、人間中心設計のマネジメントに関与するプロセスである。HCP 3とHCP 4は、設計プロジェクトとインタラクティブシステムの運用において、人間中心設計による成果を提供す

るためのプロセスである。

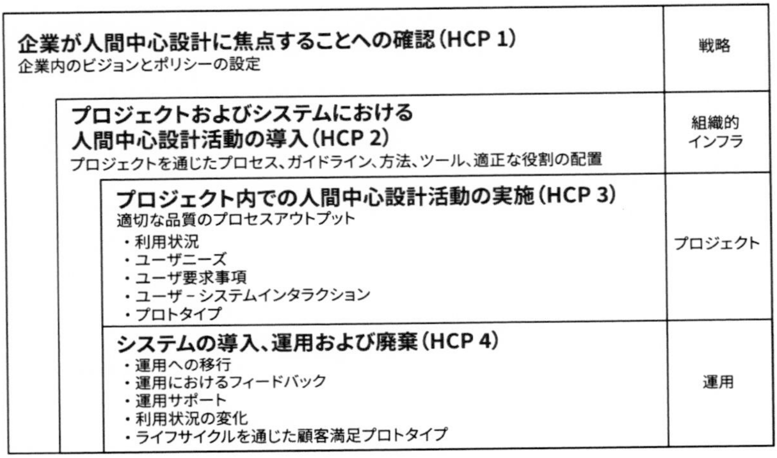

企業が人間中心設計に焦点することへの確認（HCP 1） 企業内のビジョンとポリシーの設定	戦略
プロジェクトおよびシステムにおける **人間中心設計活動の導入（HCP 2）** プロジェクトを通じたプロセス、ガイドライン、方法、ツール、適正な役割の配置	組織的 インフラ
プロジェクト内での人間中心設計活動の実施（HCP 3） 適切な品質のプロセスアウトプット ・利用状況 ・ユーザニーズ ・ユーザ要求事項 ・ユーザ－システムインタラクション ・プロトタイプ	プロジェクト
システムの導入、運用および廃棄（HCP 4） ・運用への移行 ・運用におけるフィードバック ・運用サポート ・利用状況の変化 ・ライフサイクルを通じた顧客満足プロトタイプ	運用

図 1.4 ISO 9241-220 プロセスカテゴリ

各プロセスにおいて記述する内容は、以下の通りである。

・HCP 1：人間中心設計をサポートするために必要な組織
・HCP 2：組織内の人間中心設計のマネジメント
・HCP 3：システムの開発または変更中の人間中心設計の技術的観点
・HCP 4：システムの導入および運用

　これらの4プロセスの実施によって、組織が製造・取得・運用するシステムが人間中心設計による成果を実現するための要求事項を満たすことを保証する。つまり組織は、人間中心設計による成果を要求レベルに達成するために、適切にこれらのプロセスを実施することになる。ただし必ずしも全てのプロセスを実施する必要はなく、実施する順序も状況に応じて変更してよい。
　各プロセスにおいては、以下の項目を記述する必要がある。作業成果物については、1.4節で解説する。

・プロセスタイトル：プロセス内容を記述した見出し
・プロセス目的：プロセスを実行する目標
・プロセス便益：プロセスが人間中心設計による成果および/または人間中心設計にどのように寄与するかの記述
・プロセス成果：プロセスの成功した達成から得られた観察可能な結果（プロセスが評価される基準）
・プロセスアクティビティ：プロセスの成果を達成するために通常実行されるアクティビティ（アクティビティの後には、関連する成果（例えば、[a、b]）のリストが続く）
・作業成果物：プロセスの達成に関連するユーザビリティ情報項目（以下、情報項目）および他の人工物。

1.3.3　人間中心設計プロセスの修正（テーラリング）

　組織は、システムのライフサイクルモデルにおける各ステージの目的や成果を達成するために、人間中心設計プロセスを適宜修正することが望ましい。また、個々のプロジェクトおいても、計画段階で必要に応じてプロセスの修正が求められる。組織的に、あるいはプロジェクトごとに修正するいずれの場合でも、実施結果の履歴を残し、次のことに留意する。

・修正に影響を及ぼす状況を特定し、文書化する。
・システムに不可欠な特性については、重要度のレベルに関連する規格により推奨または義務付けられたライフサイクル構造を考慮する。
・修正決定の影響を受ける全ての関係者から入力を得る。
・選択されたライフサイクルモデルの目的および成果を達成するために、意思決定を修正する。
・選択した成果およびアクティビティを修正し、削除する必要があるライフサイクルプロセスを選択する。

1.4　作業成果物によるプロセス管理

1.4.1　作業成果物の管理

　人間中心設計プロセスから生成される作業成果物は、プロセスアセスメントの審査対象やプロジェクトマネジメントの管理指標としてなど、様々な活用を想定できる。具体的には、例えば作業成果物の特徴を明示することによって、プロセス遂行能力を示す客観的証拠を提供できる。また、それらがプロセスの意図する目的に寄与しているかどうかという着眼点を与えることもできる。

　作業成果物内の情報項目は柔軟に利用することが可能であり、例えば大規模でクリティカルなシステム開発プロジェクトにおける開発関連文書に適用したり、あるいはアジャイル開発手法を利用するソフトウェア開発プロジェクトにおいてコミュニケーションを支援したりすることもできる。

　このように作業成果物は重要な役割を担うが、これらを適切に管理するために、識別規則に基づいた記号を付与しなければならない。ISO 9241-220の附属書ではISO/IEC 15504-6（現在は、ISO/IEC/IEEE 33060）に基づいた記号が利用されているので、ISO 9241-220やISO 9241-221の作業成果物のリストを識別するためには、ISO/IEC 15504-6を参照する必要がある。

　加えて、各作業成果物において用いられる用語は標準化されている必要がある。以下に、一般的に使用される用語の例とその内容を示す。

・オブジェクト：目的を果たすために作成された実体、またはその目的を果たす過程で作成されたもの。観察可能であり、材料または行動の特徴によって具体的に表現される。製品全体、一部分、またはプロトタイプであり、その副産物を示す場合もある。
・記述：提案する目的やコンセプト、または実際の目的やコンセプトについての説明や表現。テキスト、絵、グラフィック、または数的表現などであり、人間または機械への説明のために標準化された様式である。実際の状況を表す静的または動的なモデルまたはシミュレーションにおい

て、指示、構造、グループ化、または分類を確立ために用いられる。

- ・計画：宣言された目的を達成するために提案された方式または体系的な活動指針。定義された時間で、定義されたリソースを利用して、明示された行動の観点から、目的を成功裏に達成する方法を予測するもので、技術、プロジェクト、または企業行動に適用することができる。これは抽象的な方針であったり、または資産およびそれらの性質を踏まえた戦略であったりしてもよい。

- ・手順：慣習的な行動指針を形式的に実施するために明示された方法。組織において事業を行うために確立・承認された方法または様式を定義し、技術的、管理的目標、または成果を達成するために、許容または推奨される方法を詳細化する。

- ・記録：データ、情報または知識の、永続的に読み取り可能な様式。事実、事象または処理の発生あるいは有無の証左を維持し、読めるようにする。記録の時期、登録やアーカイブの方式は、任意に決めることができる。これにはパフォーマンス、財政、法的または義務の達成を確認するための情報を含む。

- ・報告：状態、結果または成果を関連部門に伝達するために準備した説明。情報収集、観測、調査または審査の結果であり、状況、影響、進歩または達成にインパクトを与える。意志決定または次の行動について情報を提供する。

- ・要求：定義した行動指針を発動する、またはニーズを満たすために変化を起こすことの伝達。合意された計画または手順に基づいて進行中の作業を開始または制御することができ、行動の提案または計画をもたらす。資源、製品、サービスまたは行動承認への要請、請求、教示、要望の様式をとる。

- ・仕様：行動、属性または品質への限界や制限を課す基準または制約条件。受容性、適合性または利益を決定するための測定尺度または品質を確立し、合意または契約の一部として要求される。

1.4.2　ISO/IEC TR 25060に記載されている人間中心設計による成果に関する特定の作業成果物

　ISO/IEC TR 25060に記載されている人間中心設計による成果に関する特定の作業成果物は6つあり、以下にコード（識別子）と記述内容を示す。これら成果物の仕様を標準化したものがCIFの規格である。

(1)CIF3　利用状況記述書

・システムの全目標
・インタラクティブシステムを利用するか、またはインタラクティブシステムのライフサイクルを通じてその出力によって影響を受ける利害関係者グループ
・ユーザの特徴
・タスク目標とタスク特徴
・タスク中に処理された情報
・資源
・技術的環境（ハードウェア、ソフトウェア、材料）
・物理的および社会的環境

(2)CIF4　ユーザニーズ報告書

・特定された全てのユーザグループ（認知的、生理学的、社会的）にわたって特定、陳述、導出、考察されたユーザニーズ
・利用状況の記述内で関連性があると特定され、他の利害関係者に基づいて導出または変更されたユーザニーズ
・記載された利用状況においてユーザグループがタスクを行う際の制約条件に関連するユーザニーズ分析の結果（人とシステムとの問題またはリスクを含む）

(3)CIF5　ユーザ要求事項仕様書

・設計を意図した利用状況の記述の参照
・ユーザニーズや利用状況（例えば「屋外での利用」など）に由来する要

求事項
- 関連する人間工学およびユーザインタフェースの知見の規格および指針から生じる要求事項
- ユーザビリティ要求事項および目的（測定可能な有効、効率および満足を含む）
- 明示した利用状況の基準
- ユーザに直接影響する組織の要求事項から導かれる要求事項

(4)CIF6　評価報告書

- 評価目的
- 定義されたユーザ要求事項
- 利用した手法
- 試験参加者の記述
- テストによる知見（良い部分と欠陥）
- ユーザ要求事項（適合性試験報告）への適合性
- 満たされなかったユーザ要求事項
- 新たに分かったユーザ要求事項と推奨事項
- 評価されたインタラクティブシステムから得られたデータ
- データ分析（例えば、原因分析）
- システム、製品またはサービスの名称、機能、特徴等の特定
- 評価対象のユーザビリティの向上可否
- システム、製品またはサービス全体のユーザビリティの基準（将来の評価結果を比較するための基準として利用されるデータ）の定義
- システム、製品またはサービスの比較（例えば、既成の部品またはシステムの購入に関する決定ための情報提供として）
- （1つまたは複数の）先に定義した（例えば、2つの異なったユーザグループからの）要求事項に対するシステム、製品またはサービスの比較
- 既存のシステム、製品またはサービスの再設計または再配置に関する決定を可能にする要因
- 開発プロセスにおける失敗

・ユーザビリティ問題と、評価対象のユーザビリティを改善するために導出されたユーザ要求事項および推奨事項

・一連のシステム、製品またはサービス（2つ以上のシステム、製品またはサービス）におけるユーザビリティの差異

(5)CIF7　ユーザインタラクション仕様

・ワークフロー設計（責任・役割・順序を含む、組織水準上のタスクとシステムコンポーネントとの間の総合的な相互関係）

・タスク設計（全てのタスクはサブタスクの集合に分解され、サブタスクは、ユーザおよびシステムおよび関連する要求事項へ割り当てられる）

・対話モデル（それぞれのタスクにおける、ユーザとシステムとの間の適切な情報のやりとり。順序・タイミングとともに関連するインタラクション対象、概要レベルの対話技法を含む）

・タスクを明示した詳細なユーザビリティ目的

・ユーザの視点からの情報アーキテクチャ

(6)CIF8　ユーザインタフェース仕様

・タスク対象物（特性、ふるまいおよび関係）

・1つ以上のタスクを達成するために必要なシステム対象物（特定のタスクのための対話技法（例えば、メニュー、対話のフォーム、コマンド、以上の組み合わせ））

・ユーザインタフェース要素（規定のタスク対象、特定のタスク、ユーザおよびユーザグループのためのシステム対象の外観）

(7)CIF9　フィールドデータ報告書

・（意図された利用に対する）システム、製品またはサービスの実際の利用に関するデータ

・利用の観察、ユーザ満足度調査、利用統計量およびヘルプデスクデータなどのフィールドデータの情報源

・実際の利用状況、データを収集する方法、データ収集の理由、特定され

たユーザニーズ、導かれたユーザ要求事項を含む、フィールドデータとその情報源

1.4.3 プロセス作業成果物の事例リスト

作業成果物は、最終的にプロセスあるいはサブプロセスごとに定義され、プロセスの入力として利用される入力作業成果物と、プロセスによって生産された出力作業成果物に分けられる。出力作業成果物には、作業成果物を作成または更新するプロセス成果と関連するプロセス成果を識別する記号が明示される。

表1.6に、ユーザ要求事項の確立 (HCP 3.3) のサブプロセスである、「ユーザニーズの特定 (HCP 3.3.1)」の事例を示す。

表1.6 プロセスごとの作業成果物例

プロセス	入力作業成果物	出力作業成果物	注記
ユーザ要求事項の確立 (HCP 3.3)			
ユーザニーズの特定 (HCP 3.3.1)	CIF3 利用状況記述書 7.10 運用要求	CIF4 ユーザ要求事項報告書 (a、e) 8.13 ステークホルダ要求事項における設計制約条件 (c、d、e)	

プロセス「ユーザニーズの特定 (HCP 3.3.1)」の最初の作業成果物は、共通産業様式のコードCIF3の利用状況記述書である。「7.10 運用要求」は、ISO/IEC 15504-6「システムライフサイクルプロセスアセスメントモデルの見本」から参照されたものであることを示し、7.10は、ISO/IEC 15504-6におけるコードである。

一方、出力作業成果物「CIF4 ユーザ要求事項報告書（a、e）」は、CIFのコードCIF4「ユーザ要求事項報告書」である。記号a、eは、以下に示すユーザニーズの特定 (HCP 3.3.1) のプロセス成果の定義のうちaとeに強く関連があることを意味している。

a) ユーザニーズは、包括的に記載され、文書化されている。
b) 新しい設計解のためのユーザニーズが特定される。

c) 既存の問題、不備、および回避策が特定される。

d) ステークホルダは、ユーザ要求事項を導出するために利用されるユーザ
ニーズについて通知される。

e) ユーザニーズを十分に満たすユーザ要求事項を導出するのに十分な情報
がある。

　同様に、出力作業成果物の「8.13 ステークホルダ要求事項における設計
制約条件（c、d、e）」は、ISO/IEC 15504-6で規格されたコード8.13「ス
テークホルダ要求事項における設計制約条件」という意味である。記号c、
d、eは、ユーザニーズの特定(HCP 3.3.1)のプロセス成果の定義のうちc、
d、eに関連が深いことを示している。

1.5 CIFの具体的構成

1.5.1 ユーザビリティを高めるための人間中心設計規格

　これまで述べたユーザビリティおよび人間中心設計関連の人間工学/ソフトウェアエンジニアリング規格の関係図を図1.5に示す。これまで述べてきたことおよびこの図からも分かるように、インタラクティブシステムのユーザビリティを高めるために人間中心設計の活動を開発プロセスに適用し、そのための書式としてCIFを用いることが求められている。

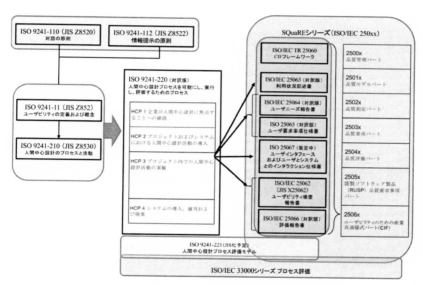

図1.5　ユーザビリティおよび人間中心設計規格の関係図

1.5.2　CIFのユーザおよび対象領域

　想定されるCIFのユーザは、大別すると「ビジネス企画」「開発」「マーケティング」の場面における様々なステークホルダである。表1.7に、ユーザと適用状況に応じた、ユーザビリティに関する人間中心設計活動の成果を示す。

表1.7　ユーザと適用状況に応じたユーザビリティに関する人間中心設計の各活動成果 [3]

利用場面	対象とするユーザ	ユーザビリティに関する人間中心設計の各活動成果が適用される状況			
		調達	開発	保守	契約（契約後）
ビジネス企画	ビジネスアナリスト	・製品間の比較 ・「製造または購入」の決定 ・製品の比較評価の実施	・開発する製品のユーザ要求事項の明示 ・開発する製品の使用シナリオの明示	現行の製品を改善するための要求事項の特定	・使用することによって検出された未完了要求事項の報告 ・契約者に対する未履行要求事項の伝達
	企業購買担当者（調達先）	・候補となる製品間の対比の情報調査 ・特定要求事項に基づく製品の比較評価 ・顧客システムの提供のため提案依頼書（RFP）作成			・契約者に対する未履行要求事項の伝達
	開発者（個人、ユーザインタフェース・技術システムの設計開発）		・ユーザインタフェースの設計開発 ・使用シナリオに基づく機能のユースケースの明示 ・ユーザ要求事項に基づくシステム要求事項の明示 ・システム要求事項に基づくシステムの開発	現行製品の改善	
	マネージャ（スポンサーおよびプロジェクトマネージャ）	特定の要求事項に基づいた「製造または購入」の決定	・明示された要求事項に基づいた開発に必要な資源の見積もり ・拡張した実装のための要求事項に基づく開発プロジェクトの進捗状況の評価		・契約者に対する未履行要求事項の伝達 ・変更要求に関する契約者との交渉（要求変更が要求事項の未履行によるものか、新しい要求事項によるものか）

利用場面	対象とするユーザ	ユーザビリティに関する人間中心設計の各活動成果が適用される状況			
		調達	開発	保守	契約（契約後）
開発	製品管理者	・製品のために購入するコンポーネント選択のための比較 ・競合製品の属性を満たす、または超えるコンポーネントの改訂	・開発に必要な資源の見積もり ・実装のための要求事項に基づく開発プロジェクトの進捗状況の評価	競合製品の属性を満たす、または超えるよう製品を改訂する評価	
	要求事項開発者	・開発する製品のユーザ要求事項の明示 ・開発する製品の使用シナリオの明示	製品が明示された要求事項を満たしていることを示すエビデンスの提供	現行の製品を改善するための要求事項の特定	
	製造元	・製品が明示された要求事項を満たしていることを示すエビデンスの提供	・開発するコンポーネントや製品へのユーザ要求事項の適用		
	ユーザビリティおよびアクセシビリティ専門家	・開発する製品のユーザ要求事項の明示 ・開発する製品の使用シナリオの明示	・開発する製品のユーザ要求事項の明示 ・開発する製品の使用シナリオの明示 ・ユーザインタフェースの設計 ・ユーザ要求事項および使用シナリオの対応状況の監視	現行の製品を改善するための要求事項の特定	利用時に分かった未達成要求事項の明示
マーケティング	雑誌編集者	明示された要求事項に基づく製品の比較評価の公表			明示された要求事項に基づく製品の欠陥の公表
	マーケティングスペシャリスト	製品が明示された要求事項を満たしていることを示すエビデンスの提供	市場要求事項が開発で満たされていることの確認	現行製品改善要求事項の対応状態の確認	
	品質マネージャ	明示された要求事項に基づく製品の比較評価の実施	実装された要求事項に基づく開発プロジェクトの進捗状況の評価	現行製品改善要求事項の処理状態の確認	利用時に分かった未達成要求事項の承認
	小売店の代表者	・製品が指定された要求事項を満たしていることを示すエビデンスの提供 ・明示された顧客ニーズに応じた特定の製品提案			
	組合代表およびスタッフ協議会	製品が明示された要求事項を満たしているエビデンスの評価		製品が明示された要求事項を満たしていないエビデンスの評価	製品が明示された要求事項を満たしていないエビデンスの評価

1.5.3　CIF の各文書の概要

　以下に、CIF の各文書に記入する内容の概要を示す。詳細は本書の第2章以降で述べる。

(1) 利用状況

　利用状況とは、1.2節のユーザビリティの説明の中でも述べたように、ユーザ、目標およびタスク、資源並びに組織や環境の組み合せであり、製品、システム、サービスを使う際に必要な情報である。具体的には以下のような内容であり、このような利用状況の一般的な記述を規定したものが、ISO/IEC 25063 の利用状況記述書である。

・ユーザ、タスク、装置（ハードウェア、ソフトウェア、材料）や、物理的および社会的環境を構造的に示した記述
・インタビューに基づいた利用状況のシナリオ形式の記述（利用シナリオ、利用文脈シナリオ、現状シナリオ、問題シナリオ）
・目標、タスク、技能、態度、環境条件などのユーザの特徴的な要約を含んだペルソナ手法によるユーザ記述

(2) ユーザニーズ

　ユーザニーズは、ユーザニーズ報告書 (ISO/IEC 25064) 内で「特定の利用状況内で暗黙のうちに示され、または述べられた意図した成果を達成するために、ユーザまたはユーザのグループに必須であると特定された前提条件、すなわちユーザがやりたいことを実現するための前提条件」と定義されている。人間中心設計では「利用状況の分析を通じて最初に特定されるユーザニーズに基づいて設計すること」とされ、具体的には、既存のシステムや製品などのユーザ要求や新しいシステムや製品に対しての要求のレポート、さらにユーザ要求の特定、ユーザ要求に影響を与える他のステークホルダの要求の特定、などである。

　ユーザニーズは、利用状況に関する情報（ユーザ、目的およびそれを実現するためのタスク、組織および物理的に想定された環境、資源）をユー

ザ要求事項で具体化するための中間成果物であるため、ユーザニーズ報告書には以下が含まれていることが重要である。

・認知的、生理学的、社会的な視点で特定された全てのユーザグループに対して、明確なもの、明示されたもの、新たに導出されたもの、暗示的なもの全てのユーザニーズ
・ユーザニーズ自体と設計内容を決定するための根拠、さらにその妥当性確認のための理論的根拠（必要に応じてデータ収集方法も）

すなわち、利用状況記述書 (ISO/IEC 25063) の内容をユーザ要求事項仕様書 (ISO 25065) に渡すための文書がユーザニーズ報告書 (ISO/IEC 25064) である。

(3) ユーザ要求事項

　ユーザ要求事項は、ユーザニーズ報告書 (ISO/IEC 25064) 内で「特定されたユーザニーズを満たすためのインタラクティブシステムの設計および評価の基礎を提供する、利用のための要求事項。すなわち、やりたいことを実現するために必要な項目」と定義されている。ユーザ要求事項はそのままインタラクティブシステムの仕様書として扱われ、ユーザとシステムとのインタラクションおよびユーザインタフェースを設計し、評価するための基礎となる情報が記述される。また、システム要求事項を特定するための情報としても使われる。

　扱われている項目は、ISO/IEC/IEEE 15288 に記載されている利害関係者要求事項定義プロセスの一部として記述される。このことから、利害関係者要求事項仕様書 (StRS: Stakeholder Requirements Specification) の一部となる場合もあり、また、独立した文書となることもある。

　ユーザ要求事項のための書式は ISO 25065 のユーザ要求事項仕様書として規格化されている。これは一連のユーザ要求事項および関連情報を特定するための様式である。

(4) 評価

人間中心設計における評価の活動は、以下の通りである。

・開発プロジェクトの最も早い段階で、ユーザニーズを反映した設計コンセプトを評価すること
・開発段階で段階的に設計される設計案を繰り返し評価すること
・システムがステークホルダ要求事項を満たしていることを確認すること

評価の結果、インスペクション（inspection、検査）、ユーザ観察（observation）、ユーザ調査(survey)といった様々なタイプの評価報告書が生成される。これらはISO 25062（2023年時点改訂中）の評価報告書に記載されており、ISO/IEC/IEEE 15288の妥当性検証プロセスとも関連し、その確認プロセスのための資料としても使用されるものである。

(5) 設計解

インタラクティブシステムの設計解とは、ISO/IEC/IEEE 15288に記載されているアーキテクチャ設計、実装、および統合プロセス中に生成され、人間中心設計における成果の項目である「ユーザとシステムとのインタラクション仕様」および「ユーザインタフェース仕様」である。これらは「人とシステムとのインタラクション設計の仕様書」というタイトルで、ISO 25067として規格化が進められている（2024年3月時点）。

(6) フィールドデータ

フィールドデータとは、対象が既存製品の場合は、次期製品リリースの入力として実際の製品が意図した使用に対してどのように使われているのかを調べた結果であり、ユーザ要求事項に対する入力とする。一方、新規製品の場合は、想定する利用状況とのずれを少なくするために現状のターゲットユーザやステークホルダの行動を把握し、利用状況に対する入力とするものである。

2024年3月時点では、フィールドデータ報告書の書式は規格として定め

られていないが、実際の利用状況、データを収集する手段、その収集の理由、および特定されたユーザニーズおよび引き出されたユーザ要求事項を含む実際のフィールドデータおよびそのソースを含めるべきである。

1.6 製品品質と利用時品質

1.1節で述べたように、ソフトウェアの品質要求と評価に関する規格であるSQuaREシリーズには4つの品質モデルがあり、CIFはその中の製品品質モデルと利用時品質モデルとの関係が深い。

製品品質モデルは製品の品質を8つの特性に分け、開発時の品質目標とするものである。従来のモデルでは、その中の品質特性の1つである「使用性」という言葉があてはめられていたが、その副特性は図1.6に示すISO 9241-110(JIS Z8520)「インタラクティブシステムにおける対話の原則」と似た内容になっている。人間工学の観点からも、対話の原則はユーザビリティを実現するために必要な要件であるため、これ自体を製品品質の副特性とすべく規格を改定している（ISO/IEC 25010:2023として改定済み）。

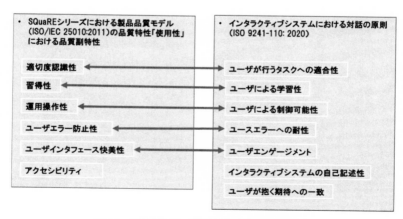

図1.6　製品品質の「使用性」と対話の原則 [5]

利用時品質モデルについては従来5つの品質特性があり、そのうちの3

つは効率・有効・満足で、ISO 9241-11:2018 (Usability: concept and definition) におけるユーザビリティの定義と同等である。

　利用時品質モデルを考える上で最初に対象とするステークホルダは、直接ユーザ (direct user) である。ただし、例えば電車の切符を購入するシステムを考える場合、券売機やオンラインでの予約・購入の場合は、操作をするユーザと切符を購入する人はともに直接ユーザであるが、駅のチケットカウンターで購入する場合は、直接ユーザは職員であり、購入者とは別である。このように、同じ作業を行っても状況に応じてステークホルダとしての意味が異なるケースがある。このことから、どのような立場であっても操作をする人を「操作者」、操作者が操作することで何らかの影響を受ける人や組織を「顧客」と位置付ける。

　さらに、直接ユーザがそのシステムを使うことによって「責任が生じる組織」は当然操作によって影響を受ける。例えばAIアシスタントと子供とのやりとりが聞こえることによって子供が家で夕食をとるのかどうかが推定でき、それによって食事の準備が変わるなど、家族の行動に影響が及ぶケースもある [6]。

　ここまでが「操作者」を取り巻くステークホルダであるが、いずれの場合も操作者は操作する対象（製品/システム）の存在を把握している。一方で、存在自体を意識していなくても、対象が操作されることによって影響を受けるステークホルダも存在する。例えば電力発電における自治体や住民、自動運転バスにおける対向車や歩行者、住民などである。このような立場の人々は非常に多岐にわたるが、「公共・社会」への影響として説明できる。以上から、ステークホルダは以下の4つに分類する必要がある [7]。

①操作者：直接操作をする人
②顧客：操作による成果を利用する人
③責任ある組織：製品やシステムを所有したり操作したりすることに責任ある組織
④操作によって影響を受ける「公共・社会」

　これらのステークホルダのニーズを抽出して組み込んだ新たな利用時品

質モデルを図1.7に、また、これらの品質特性と各ステークホルダへの影響の関係を表1.8に示す。

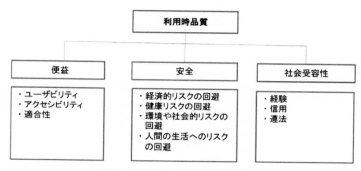

図1.7 新たな利用時品質モデル[7]

表1.8 ステークホルダと品質特性（ステークホルダニーズ）との関係

ステークホルダ　　ニーズ ⟍ ステークスホルダ	便益	安全	社会受容性
操作者	ユーザビリティ、アクセシビリティ	健康、自己制御	信用、倫理
顧客	ユーザビリティ	健康、財産、信頼	信用
責任組織	組織目標達成、BC、株価	信頼、機密性、保守性	コンプライアンス、ブランド
公共・社会	税収、株価指標、雇用	環境・社会適用	公正、信用、倫理

　このように、ユーザがシステムや製品・サービスを使う際には、直接ユーザだけでなく、様々なステークホルダへの影響を分析する必要がある。このことは第2章で説明する利用状況記述書の中でも求められているので、CIFを適用する際には合わせて利用時品質を用いることが重要である。

第**2**章

利用状況記述書

2.1　利用状況記述書の概要

　第1章で述べたように、インタラクティブシステムの利用状況を明確にすることはユーザビリティを向上させるために必要である。しかし、その捉え方を共通のものとしておかなければ、そこから導かれるユーザニーズやユーザ要求事項がばらつき、完成したインタラクションやインタフェースのユーザビリティを論じることができなくなってしまう。

　この課題を解消し、既存の、またはこれから設計・実装するシステムや製品、サービスの利用状況の概要から詳細な記述ができるようにするために、利用状況記述書 (ISO/IEC 25063) が作成された。これはソフトウェアまたはハードウェアシステム、製品またはサービスに適用可能であり、ISO 9241-210 および ISO/IEC JTC1 SC7 プロセス規格における開発プロセスから得られるシステムレベル文書の一部として利用されることも意図されている。想定読者は、企画部門、マーケティング部門、要求分析、開発、品質から販売に至る各部門担当者およびマネージャである。

2.2　利用状況とは

　システムが利用される状況は、ISO 9241-11 に基づき、利用者の特徴、システムを利用する目的、タスク、組織および物理的環境、利用するための資源、によって定義される。既存のシステムを改良する場合には、現行の利用状況に関する情報を収集・分析し、それを将来のシステムに適用できるように状況を理解し、記述することが重要である。一方、新しいシステムを構築する際にも、利用状況を想定し、理解・記述する。

　利用状況を明確にするためには、以下の内容（利用状況の要素と呼ぶ）が記述されていることが必要である。

・システムを利用することによって達成しようとする全体の目標
・インタラクティブシステムを利用する際の、またはインタラクティブシ

ステムの出力に影響を受けるステークホルダ

・インタラクティブシステムのライフサイクル

・ユーザ/ユーザグループの特徴

・一つ一つのタスクの目標およびそれぞれのタスクの特性

・タスク中に処理される情報

・技術的な環境および資源（ハードウェア、ソフトウェアなど）

・物理的および社会的な環境

2.3　利用状況記述書の内容

2.3.1　利用の状況

　利用状況記述書では、様々なユーザグループおよび他のステークホルダの視点から、インタラクティブシステムの分析、仕様、設計および評価に関連するデータが記載される。利用状況の情報収集の方法を明らかにすることは、データの関連性および妥当性を評価するために重要である。表2.1に利用状況記述書に記載する状況、内容、利用の仕方および想定読者を示す。

表2.1　利用状況記述書に記載する利用の状況 [3]

利用の状況	記述内容	利用の仕方	読者
利用状況の初期段階の説明	利用状況の最初の記述。プロジェクトの仮定に基づく。この段階では、完全ではない。	対象とする製品のユーザ要求事項の明示、または既存の製品の改善のための要求事項の特定。	ビジネスアナリスト、要求事項開発者またはユーザビリティおよびアクセシビリティの専門家
		明示／特定した要求事項に基づいた開発に必要な資源の見積もり	製品管理者
		マーケット要求の調査	マーケティング専門家
現在の利用状況	既存のシステム、製品、サービスの利用状況を分析することで、全体の範囲の状況の情報を提供する。この情報は、将来のシステムの設計を考慮するためのニーズ、課題および制約条件を特定するために利用することができる。	現行の製品を改善するための要求事項の特定	開発者、要求事項開発者またはユーザビリティおよびアクセシビリティ専門家
インタラクティブシステムの想定する利用の仕方	意図したユーザ、行われるタスク、およびそれが利用されることを意図した環境のためのシステム、製品またはサービスを設計するための情報。現在の利用状況を含む。	対象とする製品のユーザ要求事項の明示、または既存の製品の改善のための要求事項の特定。	ビジネスアナリスト、要求事項開発者またはユーザビリティおよびアクセシビリティの専門家
		明示／特定した要求事項に基づいた開発に必要な資源の見積もり	製品マネージャ
		マーケット要求の調査	マーケティング専門家

利用の状況	記述内容	利用の仕方	読者
ユーザ要求事項が適用される利用状況の特定	・全ての範囲の状況を設計において考慮するために、それぞれに関連する利用状況を特定する。これは、ユーザビリティの許容可能なレベルを達成することを要求する利用状況を定義することによって、ユーザ要求事項の適用範囲を明確にする。 ・実装されたシステム、製品またはサービスの利用状況の記述は、ユーザ要求事項の一部として特定されたものよりも、より詳細であることが多い（例えばタスクおよびユーザインタラクションの詳細）。これは追加情報として扱われる。	開発する製品のユーザ要求事項の明示	ビジネスアナリスト、要求事項開発者またはユーザビリティおよびアクセシビリティの専門家
		特定した要求事項に基づいた製品の比較評価	品質マネージャ
評価のための利用状況	評価のための利用状況は、ユーザ主体の試験のため、およびこれらが利用シナリオに基づく場合の専門家検査のために、試験シナリオの一部として記述される。	ユーザビリティ評価やアクセシビリティ評価の実施	ユーザビリティおよびアクセシビリティ専門家
		製品記述のための製品ユーザビリティ（およびアクセシビリティ）報告書の作成	
		特定の要求事項に基づいて製品の比較評価を実施	ビジネスアナリスト
製品記述の一部としての利用状況	インタラクティブシステムの取得者またはユーザを意図している製品記述には、製品の意図した利用状況の記述を含む。	適切な製品間の比較評価を行うための基本情報として要求事項を明示	ビジネスアナリストまたは購買担当者
		製品が明示された要求事項を満たしていることの確認	製造元
		適切な製品間の比較評価の基本情報として要求事項を収集	購買担当者
		製品が特定の要求事項を満たすことの証明	マーケティング専門家
		特定の顧客のニーズに基づいた製品の提案	小売店代表者
		製品が特定の要求事項を満たしているかどうかの証拠の評価	組合代表者およびスタッフ

2.3.2　利用状況の詳細

(1) 利用状況の詳細に含めるべき項目

　2.2節で述べたように、利用状況は、利用者の特徴（ユーザグループ）、システムを利用する目的、タスク、組織および物理的環境または利用するための資源（環境）によって定義される。表2.1に示したそれぞれの利用の状況の詳細内容に何を含めるべきかを表2.2に示す。また、タスクと環境に関しては(2)、(3)で詳しく述べる。

表2.2　利用状況記述書に含める項目

	利用状況の概要	利用状況の詳細な記述	評価報告の一部としての利用状況	製品記述の一部としての利用状況
利用状況記述の対象				
（利用状況が記述されている）システム、製品、サービスまたはコンセプト	必須	必須	必須	必須
利用状況の記述の意図したユーザの客観的視点からのシステム、製品、サービスまたはコンセプトの目的	必須	必須	必須	必須
インタラクティブシステムの設計に影響を及ぼす前提条件および／または制約条件の要約（法的留意事項（権限の範囲）、利用可能な情報、季節要因、組織のセキュリティポリシーなど）		必須		
ユーザグループ				
システム、製品またはサービスのそれぞれの明確に異なったユーザグループ個々の記述	必須	必須	必須	必須
システム、製品またはサービスの利用に影響を与える可能性のある他のステークホルダ	必須	必須		
主要な目標と制約条件の観点から見た、関連する各ユーザグループとシステム、製品またはサービスとの関係		必須		
身体的または心理的特徴が特定の範囲の極値にあるユーザを含むユーザグループの特徴（体格、視覚聴覚触覚適応力および特性）		必須	必須	
ユーザビリティに影響を及ぼすおそれがあると認められる特徴と判定の根拠（認知的適応力、文化背景、様々なリテラシーレベル、技能、状況変化適応力、リスク対応）		必須	必須	
目的				
人々が達成しようとしている結果（関連する場合の個人的な目標を含む）を意図したものとして記載された様々なユーザグループの目標リスト	必須	必須	必須	必須
ユーザビリティに影響を及ぼす可能性のあるインタラクティブシステムを提供および／または開発する組織によって定義される目標（ユーザビリティ評価報告書、適合性評価報告書に記載する目標レベル）		必須		
ユーザビリティに影響を及ぼす可能性があると判断される責任（タスク、資源、環境といった利用状況の要因の責任の所在の明確化）		必須	必須	
タスク				
目標を達成するためにそれぞれのユーザグループによって実行されるタスクリスト		必須	必須	
タスクごとに、ユーザビリティに影響を及ぼす可能性があると判断される特徴と判定の根拠		必須	必須	
環境				
実際の、または意図された全ての利用環境		必須	必須	
ユーザビリティに影響を及ぼす可能性が高いと判断される特徴		必須	必須	

(2) タスクの詳細

　それぞれのユーザグループがその目標を達成するために実施すべきタスクのリストを利用状況記述書とユーザビリティ評価報告書のいずれにも含めることができる場合には、利用状況記述書に含める。このとき、ユーザビリティに影響を及ぼす可能性があると判断されるそれぞれのタスクの特徴と、利用状況の他の特徴（環境等）を記載し、それらを記載した判断の根拠を説明しなければならない。以下に、タスクの詳細として記述すべき事項を列記する。

・タスクを行う目標
・タスクの結果または成果
・タスクの頻度および重要性
・取り扱う入力の数
・タスクに関する情報ニーズ
・タスクが完了していないか、または不正確に完了した場合の潜在的な負の影響
・タスクの期間
・タスクの複雑さ
・タスクの不変性、または柔軟性およびタスクを実施するかどうか、およびどのように実施するかについての自由度
・タスクの依存関係
・連続したまたは並列する諸活動
・タスクを行う者の役割および責任
・人と人、人とテクノロジーとの機能配分
・タスクの負荷(ISO 10075-2参照)。

　タスクは、通常、内容を分析し、表現する必要がある。この情報は、論理的には利用状況の記述のタスク要素の一部であるが、通常は以下のような形で別に文書化される。

・ワークフロー

・タスクシーケンス

・ユーザ/タスクマトリックス

・タスクの手続き上の記述

・タスクフローチャートおよび階層

・タスクシナリオ

(3) 環境の詳細

環境は、以下の3つに分類される。

①技術および技術環境

ユーザビリティに影響を及ぼす可能性があると判断する、利用されている、利用を想定している、利用を予想しているコンピュータ環境または他の技術的施設を記載し、判断の根拠を説明する。また、ユーザビリティに影響を及ぼす可能性があると思われるコンピュータ環境または他の技術的施設も記述が必要な場合がある。以下に例を挙げる。

・工具、装置および支援材料

・ハードウェア構成（プロセッサ速度、メモリーサイズ、ネットワーク、ストレージ、入力および出力装置など）

・スクリーン（解像度、色の深みなど。また、関連する場合は、ディスプレイ（モニター）サイズ、および複数モニターが利用されているかどうか）

・入力装置（キーボード、ポインタ装置、タッチスクリーン、カメラなど）

・ソフトウェア構成（ブラウザのバージョン、OSのバージョン、データベースなど）

・通信（有線インターネット、ワイヤレスインターネット、携帯電話ネットワーク、接続されていないネットワークなど）

・移動性（例えば、単一の固定された環境での移動、複数の類似環境での移動、複数の異なる環境による移動など）

・障がいのあるユーザが使える支援技術

・文書化および情報（紙またはオンライン）

・個人保護装置

②社会的および組織環境

　ユーザビリティに影響を及ぼす可能性があると判断する社会的および組織的環境と、判断の根拠を説明する。以下に例を挙げる。
・グループ仕事の動特性、リーダーシップ、チームモラール
・時間的圧迫および制約条件
・割り込み
・監督行為
・監視作業の状況およびインセンティブ
・支援のサポートまたは有用性
・単独での利用、またはグループの一員としての利用
・組織文化および価値
・マネジメントシステム要求事項
・社会的つながり
・組織間の責任および義務
・法的制約条件
・情報の共有

③物理的環境

　例えば、製品がその通常の利用環境外で利用される場合に、ユーザビリティに影響を及ぼす可能性があると判断される物理的環境と、判断の根拠を説明する。以下に例を挙げる。
・空間
・時間、場所
・作業環境の特徴（オープンオフィス、多人数オフィス、単一ユーザワークステーション、コントロールルーム、店舗床、乗り物など）
・照明、太陽光、暗所
・極度の温度
・周囲雑音、交通
・動作または混雑
・振動

2.4　利用状況の初期段階の記述

　利用状況記述書では最初に利用状況の要素を定め、続いてそれぞれについての詳細な状況を記述する。表2.3に、車を駐車スペースに止める支援システムを例とした利用状況の初期段階の記載例を示す。

表2.3　利用状況の初期段階の記述の例（車を駐車スペースに止めるための支援システム）

利用状況の要素	内容（状況）
システム、製品やサービス	駐車支援
ユーザグループの一般タイトル	自動車のドライバー
職務タイトル例（該当する場合）	一般の運転
デモグラフィックデータ（もしあれば）（年齢、性別、規定の身体的属性）	運転免許保持者全員 ・男性または女性もしくはその他 ・運転免許取得可能年齢以上（例えば18歳以上）
目標	車を特定の駐車可能なスペースに駐車すること
サポートとすべきと想定されるタスクと想定されるタスク実施能力	駐車可能なスペースを認識し、その場所に車を移動させて駐車すること
想定される組織／社会環境	駐車することによる周辺への影響
想定される物理的環境	天候、道路状況、照明条件、駐車可能な駐車場
タスク完了に利用される想定される装置	GPS、ミラー、バックモニター

2.5　利用状況の記述内容

　ここでは、表2.2に示した項目のうち、システムに特化した「対象」と「目的」以外の記述内容を示す。

2.5.1　ユーザグループ

　ユーザをグループ化する場合、同一グループとして扱うとユーザビリティに影響が及ぶ場合にのみ、異なるグループのユーザとして見るべきである。この判断は慎重に行わなければならない。

(1) 考慮するユーザタイプ

　用意した複数のユーザタイプを特定すべきか否かを判断する。システムを利用して様々なタスクを実行する人、または適応力または経験にかなりの差がある人が同一のユーザグループに含まれている場合、複数のユーザグループに分ける。その場合、例えば「システムアナリスト」のような役職名、または「頻繁にシステムを使う専門家ユーザ」「時折システムを使うユーザ」などのグループの特性を記述する。以下に例を示す。

・障がいのあるユーザは、要求事項と適応力が健常なユーザとは異なる可能性がある。
・システムを頻繁には利用しないマネージャと、定期的に利用するアカウント管理者の適応力と要求事項は異なるレベルに設定する場合がある。

　本項目には次のa)、b) を含める。

a) ユーザグループの確認：特定したユーザグループを列挙する。
b) 記載するユーザグループ：a) で列挙したユーザグループの中から評価に関係するグループを抽出する場合、各ユーザグループにおいて相対的に重要なことは何であるかを考慮する。また、評価を計画する場合、次に示す資源の制約について考慮する必要がある。
　・関われるユーザ数（評価尺度と指標のデータに統計的信頼性が必要な場合、各タイプの標本は10人以上であることが一般的に推奨されている。また、被験者や調査対象者の時間や経費などのコストを全体予算に含めているかどうかも確認する）
　・複数のユーザグループを分析するために必要な時間や経費が全体予算に含まれているか？
　・今後実施する評価結果と比較するために同じタイプのユーザに再び評価を依頼できるか？
　・類似したシステムと当該製品の評価を比較するために、類似したシステムのユーザに評価を依頼できるか？

(2) 二次または間接ユーザ

本項目には次のa)、b)を含める。

a) 製品とのインタラクション：製品とのインタラクションだけを主目的にしていない個人（直接ユーザ）を列挙する。

b) 出力結果による影響：製品とのインタラクションをせず、他のユーザによる出力結果に頼っているユーザ（間接ユーザ/二次ユーザ）を列挙する。例えば、キャシュレジスタで店員が出力したレシートを利用する買物客のように、製品とのインタラクションをせず、出力結果を利用しタスクを行う個人が該当する。

2.5.2　技能および知識

この項目では、(1)の各ユーザタイプの技能および知識を詳細に記述する。ユーザタイプが複数ある場合は、ユーザタイプごとに以下のセクションを作成する。

(1) 製品がサポートするプロセスと手法の訓練と経験

ここでは、手動または自動システムが提供するタスクをユーザが実行する場合に、ユーザグループはどの程度実践的な経験を有しているかを記述する。例えばATMを用いた会計手続きにおいて、ユーザに会計手続きの経験がなければATMの利用は難しい。ユーザが窓口で現金を引き出す場合とATMを利用する場合とでは現金を口座から引き出す手順が異なるため、ATMの利用では会計の知識と経験がある程度必要である。

(2) 利用経験

ここでは、対象製品もしくは類似品の利用期間、頻度などを記述する。

a) 製品利用：主な機能を使う場合に想定されるユーザの実践的な経験の度合い（利用年数、期間、など）を記述する。

b) 主な機能が類似している他の製品の利用：同様の機能を持つ他の製品を

利用していた場合、どの程度の実践的な経験をユーザが持っていたのか
を機能ごとに列挙する（例えばCD機を対象とする場合の、ATMの利用
経験など）

c) インタフェースの様式またはOSが同じ製品の利用：コンピュータベース
の製品のみ、OSやシステム環境における実務経験の度合いを記述する。
例えば、UNIXベースの製品の場合は他のUNIXアプリケーションの利
用経験、Windowsベースの製品の場合は他のWindowsアプリケーショ
ンの利用経験を記述する。

(3) 訓練

ここでは、対象システム・製品を使うために受ける訓練、もしくはどの
ような訓練を受けたかについて記述する。

a) 主な機能によって提供されるタスク：ユーザは製品の規定の機能によっ
て提供されるタスクを手動または自動で実行するために必要な訓練を受
けているかどうかを記述する。

b) 主な機能の利用製品：ユーザは製品報告書に記載された特定の機能を実
行するために必要な訓練を受けているかどうかを記述する。

c) 主な機能が類似した他の製品の利用：ユーザは他の製品を利用して同様
の機能を実行するために必要な訓練を受けているか、また、利用経験は
あるかどうかを記述する。

d) インタフェースの様式またはOSが同じ製品の利用：コンピュータベー
スの製品の場合のみ、OSまたはシステム環境が同じ場合、あるいは、そ
の上にある他の製品を利用する場合に必要な訓練を記述する（1日コー
スのWindows使い方教室など）

(4) 資質

学位や研修実績といった公式および非公式の資格を含めて、当該ユーザ
グループのメンバーの資質の分布や幅を記述する（実績の有無、実務経験
期間など）。

(5)関連する入力のスキル

ユーザに求める（もしくは現状の）入力装置に関するスキルを記述する。以下に例を挙げる。

・マウスの一般的な利用
・60～90語/分の欧文タイピング
・2本の指での素早いタイピング
・自己流のゆっくりとしたタイピング
・タッチスクリーンでの入力への慣れ

(6)言語能力

製品およびその説明書で使われている言葉のうち、ユーザが知らない言葉を記述する。

(7)背景知識

ユーザによる製品でのタスク実行に、間接的に関係する主な背景知識があれば記述する。

背景知識とは、「あの会社の電話オペレータの業務は、午後6時まで」といった、製品、タスク、情報技術には直接関係せず、社会、文化、組織、地域、国家、宗教に関するグループの一員であるがゆえに持っている知識を指す。ただし、この項目が影響してユーザから除外される対象者がいてはならないことに注意する。

(8)知的能力

ここでは、知的側面から見た、ユーザが作業遂行に必要な能力について記述する。これを調べる際には、差別の意図はなく、適応力、障がいの程度にあった作業の提供、インタフェースの用意のために行っていることを明示する。

a)特徴的な適応力：ユーザの特徴的な知的能力の有無を記述する。

b) 特定の精神障がい：ユーザの特定の精神障がいの有無を記述する。

(9) 動機

　ユーザが見せている態度はどの程度積極的または消極的かということと、その理由を記述する。

a) 職務およびタスクへの態度：職務およびタスクへの態度を記述する（「賃金が低くても仕事にとても満足している」など）。
b) 当該製品への態度：当該製品への態度を記述する（「製造した製品への誇りがある」など）。
c) 情報技術への態度：情報技術への態度を記述する（「情報技術の導入によって職を失うと感じている」など）。
d) 雇用組織への従業員の態度：雇用組織への従業員の態度を記述する（「上級管理職に対する信頼の欠如」など）。

2.5.3　身体的特性

　この項目では、ユーザタイプの身体的特性について記述する。

(1) 年齢

　以下に示すように、ユーザグループの年齢に関する情報について記述する。

a) 年齢範囲：当該ユーザタイプの年齢の範囲（「年齢は16〜70歳である。」など）を記述する。
b) 代表的な年齢：ユーザグループの代表的な年齢を適宜記述する。

(2) 性別

　当該ユーザタイプにおける男女比を記述する（「男性10%に対して女性90%」など）。

(3) 身体的制限事項および障がい

　ユーザタイプの身体的制限事項または障がいについて記述する。調査の際には、差別の意図はなく、適応力、障がいの程度にあった作業の提供、インタフェースの用意のために行っていることを明示する。例えば、弱視、色覚多様性、難聴、四肢喪失、運動機能の低下などや、身体的障がいだけでなく、手が届く範囲などの一般的な身体的制限事項も記述される。

2.5.4　社会/組織環境

　この項目では、ユーザが遂行する職務、すなわち一連のタスクについて記述する。ただし、製品が職場などの作業環境で利用されない場合には記述しない。

(1) 職務権限

　ユーザが実行する職務の主な目的および責任を列挙する。

(2) 職歴

　ユーザがどのような職務・業務をどのくらいの期間行ったかを記述する。

a) 勤務期間：典型的なユーザが当該組織に勤務している期間
b) 現職務の長さ：ユーザが当該組織での現行の職務を継続してきた期間

(3) 労働/操作時間

　職務・業務内容によらず、一定期間（1日、1月、1年など）内における労働時間や、その中で対象製品を利用している時間・割合について記述する。

a) 労働時間：交代勤務、変則的な勤務、在宅勤務などにおける労働時間を具体的に記述する。
b) 製品の利用時間：例えば、早期5〜13時のシフト、または13〜22時の遅いシフトで利用されるなど、製品が利用される時間帯を記述する。また、従業員が数週間ごとに早いシフトと遅いシフトを入れ代わる、といった

ことについても記述する。

(4)仕事の柔軟性

ユーザが仕事への取り組み方、時間の使い方、タスクの実行の仕方を決めることができるかを記述する。

2.5.5　タスク

この項目では、ユーザタイプごとにタスクを定義する。大抵の場合タスクは複数あるため、製品を使って行う全てのタスクを列挙してから、改めて評価すべきタスクを選ぶ。

製品の主な機能、つまりユーザが当該製品を利用して達成できる重要な目標によって決まるタスクの構成要素は、製品を説明する報告書に記載できるよう列挙する。

(1)特定したタスク

この項目では、製品を利用してユーザが行う全てのタスクを列挙する。

(2)ユーザビリティ評価を実施するタスク

(1)で特定した各タスクについて、ユーザビリティ評価を実施すべきものを記述する。評価対象の選定の際には、次の点を考慮する必要がある。

・資源の制約：タスクにはどれくらいの時間かかるか？ ユーザと分析者の時間を考慮しているか？
・対象とするユーザのタスクの頻度と重要度はどの程度か？（他よりも重要なタスク、または、実行頻繁の高いタスクを評価することが妥当である）
・今後の評価：現状の評価結果を製品の将来のバージョンを評価するための基準とするならば、タスクで使う機能は将来のバージョンにも搭載されるか？
・比較評価：他のシステムとの比較する場合、そのシステムでも同じタスク実行できるか？（比較評価の際には、同等のタスクでの結果を用いる）

2.5.6　各タスクの特性

　本項目では、タスクを実行する製品に関係する記述は行わない。したがって、各項目への回答は製品とは独立した内容とする。

(1) タスク目標

　タスクを実行する主な目的を記述する（「銀行口座からできるだけ早く安全に預金を引き出すため、最短時間で文字を正確に入力する。」など）。

(2) 選択

　目標を達成するために、ユーザが製品を利用するか否かを選択できるかどうかを記述する（「ユーザはATMで銀行預金を引き出せるが、窓口が開いている時間帯であれば、窓口でも引き出せる。」など）

(3) タスク出力

　タスクの出力の内容およびメディアを記述する（「宛先が正しく記された封筒に印刷物封入されたミスのない手紙」など）。

　なお、ユーザビリティ評価を目的にこの項目を記述する場合には、(1) タスク目標と (2) リスクにも必ず記述し、ユーザがタスク目標の完遂した場合つまりタスクが出力された場合にのみ、ユーザビリティの測定尺度で測定する。

(4) リスク

　タスクが完了しない、または正しく完了しないリスクがあれば記述する（「ユーザは、ファイルを保存する際に別のファイルを誤って上書きするかもしれない。」など）。

(5) タスク頻度

　通常どれくらいの頻度でタスクを実行するかを記述する（「終日」「1日3～4時間」、「週1回」など）。

(6) タスク持続時間

一般にユーザがタスクに要する時間を記述する（「所用時間は20〜35分である」「9割方25〜30分かかる。」など）。

(7) タスクの柔軟性

あらかじめ決まった順序でタスクを実行する必要があるかどうかを記述する（「ユーザには決められた順序に従う義務はなく、習慣や惰性で実行する。」など）。

(8) 身体的および精神的な辛さ

タスクに求められる辛さについて、以下を記述する。

a) タスクに求められる辛さ：タスクに求められる身体的または精神的な辛さを記述する（「タスクでは一瞬で正確な判断が求められる。」など）。

b) 他のタスクとの辛さの比較：他のタスクに比べて当該タスクに求められる辛さの度合いを記述する（「表計算のシートを設定することは、入力に比べて精神的に辛い。」など）。

(9) タスクに必要な物

タスクを実行するためにユーザが必要とする情報または資源（口述用のオーディオテープ、予備の紙と封筒など）を記述する。また、必要な物を揃える上で問題がある場合には、ここに記述する。

(10) 関連タスク

ユーザが一連の手順の一部としてタスクを実行する場合、当該タスクの前後のタスクを列挙する（「銀行員は、ローン申請手続きをする前に信用照会を行わなければならない。」など）。

(11) 安全

ユーザの健康や生命または他の人々にとって、どの程度危険なタスクか

を記述する（「正しく取り付けていないガスバーナーを作動させた場合、爆発の可能性がある。」など）。

(12) タスク出力の重要度

タスク出力が、安全、セキュリティまたは財務健全性の点から重要か否かを記述する（「飛行中の航空機を制御するためのソフトウェアのコードを書くことは必須である」「多額の資金の流れを管理するためにはスプレッドシートを設定しなければならない」など）。

2.5.7 組織環境

職務を実行する社会的または組織的環境は、仕事の方法、製品の使われ方、そして結果的に製品のユーザビリティに影響を及ぼす。この項目では、ユーザの組織における組織構造、態度および組織文化について記述する。

なお、製品が個人の目的で利用される場合（コンシューマ製品）は、これらの項目の一部は関係しない。また、別個の評価のために複数のユーザタイプを特定する場合は、本項目の内容はユーザタイプごとに記述する。

(1) 組織構造

仕事上の人間関係の特徴、および組織内の個人間における情報の流れを記述する。具体的には以下の通りである。

a) グループ作業：ユーザが他者と協力してタスクを実行する場合、ユーザと関係する全員の役割と関係を明記する。

b) 支援：ユーザが問題を抱えた場合に受けられる支援を記述する（作業場での同僚による即時的な支援、内線や外線電話での「電話相談窓口」など）。

c) 中断：ユーザのタスク遂行中断の頻度と理由を説明する（平均1時間当たり3回の電話対応による中断など）。

d) 管理体制：組織においてユーザの仕事に直接影響を与える者の職責およびユーザとの関係を記述する。なお、製品が個人の目的のために利用されている場合、この項目は略してよい。

e) コミュニケーションの構造：従業員および/または顧客との主なコミュニケーション手段や各個人の関係について記述する。なお、製品が個人の目的のために利用されている場合、この項目は略してよい。

(2) 方針および文化

この項目では、将来的な目標、目的、意見、組織内で共有されている風習について明記する。なお、製品が個人の目的のために利用されている場合、この項目は略してよい。具体的には以下の通りである。

a) IT ポリシー：情報技術の導入、調達、利用に関する組織の方針を記述する（「当該組織は10年以内に全ての手続きをIT化すると表明している。」など）。なお、非IT製品の場合、この項目を略してよい。

b) 組織目標：ユーザの組織の役割、目的、目標を記述する。これらは組織綱領で述べられている。

c) 労使関係：組織内での労使関係の状態を記述する。

(3) 作業者/ユーザの管理

この項目では、生産性および品質に影響を及ぼす要因について記述する。具体的には以下の通りである。なお、製品が個人の目的のために利用されている場合、略してよい。

a) パフォーマンスの監視：ユーザの仕事の質と速さの監視および評価方法を記述する（「オペレータは、コンピュータの接続速度を継続的に監視している。」など）。

b) パフォーマンスのフィードバック：ユーザは自分の仕事の質と速さに関するフィードバックをどのように受け取るかを記述する（「全従業員には、毎週、自分たちの生産性が提示される。」「スタッフはライン管理者と協議した作業のレビューを半年ごとに受け取る。」など）。

c) 作業ペース：ユーザの作業ペースがどの程度管理されているかを記述する（「（繁忙期の銀行のスタッフの場合）顧客待ちのプレッシャーがある。」

「（工場のスタッフの場合）作業ペースはコンベアの速さによって決まる。」
など）

2.5.8 技術環境

　本項目では、製品が利用される技術的環境について記述する。別個の評
価のために複数のユーザタイプを特定した場合、各項目の内容をユーザタ
イプごとに記述する。

(1)ハードウェア

　本項目では、ハードウェアについて記述する。ここでハードウェアとは、
製品の機能を実行する上で必要な、物理的な形を有したものである。

a) 製品の実行に必要なもの：製品を利用するために必要なハードウェアを
　記述する（プロセッサ、保存装置、入出力装置、ネットワーク、ゲート
　ウェイ、その他のユーザ機器など）。
b) 製品利用時に生じがちなこと：製品を利用する際にトラブルが生じがち
　なハードウェアおよび関連情報（当該製品とそのユーザインタフェース
　環境と関係する他のハードウェア）を列挙する。
　例：パソコンを利用する場合、ユーザはプリンタで出力する必要がある。

(2)ソフトウェア

　本項目では、ソフトウェアについて記述する。ここでソフトウェアとは、
製品の機能を実行する上で必要な、論理的に表現されたものである。

a) 製品の実行に必要なもの（例えば、OS）：OSまたはユーザインタフェース
　環境など、製品を実行するために必要なソフトウェアを記述する（「特定
　のアプリケーションを実行するためにはWindowsが必要である。」など）
b) 製品利用時に生じがちなこと：製品を利用する際にトラブルが生じがち
　なソフトウェア（当該製品とそのユーザインタフェース環境と関係する
　他のソフトウェア）を列挙する。

(3) 参考資料

　技術的環境についてユーザが学ぶために提供される参考資料を記述する（Windows 10.0 または Apple Mac OS X の操作マニュアルなど）。なお、参考資料とは製品の取扱説明書ではない。取扱説明書は、製品を紹介する製品報告書の中で記述する。

2.5.9　物理環境

　本項目では、ユーザおよび製品の物理的環境について記述する。大抵の場合製品は、例えば ISO 9241 シリーズで扱っている作業環境の標準と同等の物理環境で利用されることが前提となっている。このような場合、各項目には標準オフィス (Standard Office) を示す"SO"を記述する。一方、物理環境が規格に適合していない場合は、物理環境について正確に記述する。

　別個の評価のために複数のユーザタイプを特定した場合は、本項目の内容をユーザタイプごとに記述する。

(1) 環境条件

　作業場の物理的な状態、または製品が利用される場所を記述する。製品が利用される環境が標準のオフィスの場合は"SO"と記述し、(2) 作業環境デザインへ進む。その他の場合には、以下の a) から順に記述する。

a) 空調条件：製品が屋外で利用される場合には気象条件を、屋内で利用される場合には建物内部の空気の質、風速、湿度などの空調条件を記述する。

b) 音響環境：全ての雑音または音、特に個人間のコミュニケーションを制限し、ストレスまたは不快感をユーザに与え、またはタスクに関するユーザの聴覚に影響する音を列挙する。

c) 温熱環境：作業場の温度、暖房および空調設備について記述する。

d) 視覚的環境：天然光を含む光源の強さと位置、また、ユーザがブラインドなどを利用して眩しさを抑えることができる度合いを記述する。

e) 環境の不安定さ：上記以外の作業環境（例えば、作業場の振動や動き）の不安定さの程度について記述する。

(2) 作業環境デザイン

　本項では、作業場の場所およびデザイン、什器のレイアウト、並びに製品を利用するユーザの姿勢や行動に関することを記述する。

a) 空間および什器：作業場の広さ、レイアウト、什器を記述する。本項目には、机、スクリーン、プリンタ、ケーブルの引き回しなども含める。

b) ユーザ姿勢：製品を利用するときのユーザの典型的な姿勢を記述する（「立ってディスプレイを見下ろしている（高さ1.5m）。」など）。

c) 場所：以下について記述する。

　c-1) 製品の設置場所：作業場における製品の設置場所、また、作業場の什器とユーザの作業場所と製品の設置場所との関係。

　c-2) 作業場の場所：作業場と、資源、同僚や共同作業者、顧客、ユーザの自宅からの距離。

(3) 健康および安全へのリスク

　この項目では、ユーザの健康および安全に影響を及ぼす作業場または周辺の環境、さらに、防護服または安全装置の必要性について記述する。

a) 健康被害：作業場や周辺環境の状態はユーザの健康に影響を及ぼす可能性がある場合はそれらを記述する。なお、事故などによる短期間または漸次的な聴力損失のように長期間にわたってユーザに健康被害が及ぶ環境を含む。

b) 防護服および安全装置：作業場でユーザが着用しなければならない防護服または安全装置がある場合はそれらを記述する。これには、手袋、安全靴、フェースマスクなど、高温または低温の影響からユーザを保護する衣服または機器などが含まれる。

2.6　利用状況記述書の事例

2.6.1　対象システム概要

　序文で述べたように、本書では、実際のシステム開発（ECサイト）にCIFの各書式を適用した事例を基に、具体的に使い方を説明する。ここでは、2.4節「利用状況の初期段階の記述」で示した書式に従い、酒店が運営する、お酒に関するセレクトショップ型ECサイトの概要およびここで分析する対象ユーザの特性について示す。

　図2.1にシステムの概念図を示し、表2.4に本システムの利用状況の初期段階の記述を「購入者」「EC運用担当者」の2つのタイプのユーザグループに分けて示す。

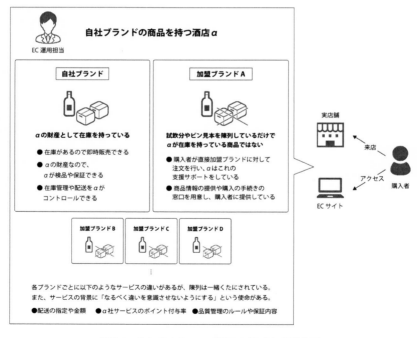

図2.1　セレクトショップ型ECサイトの概念図

表2.4　セレクトショップ型ECサイトの利用状況の初期段階の記述

システム、製品やサービス	セレクトショップ型 EC サイト	セレクトショップ型 EC サイト
ユーザグループの一般タイトル	購入者	EC 運用担当者
職務タイトル例	商品購入	EC の運用
デモグラフィックデータ	・購入者 ・男女問わず	・会社社員、もしくは運用に携わる会社社員 ・男女問わず ・役職、部門問わず
目標	商品を購入すること	商品を販売・紹介すること
サポートとすべきと想定されるタスクと想定されるタスク実施能力	インターネット上での ・商品閲覧 ・希望商品の在庫確保 ・購入に必要な会員登録 ・決済手続き配送手続き	インターネット上での ・在庫管理 ・商品陳列 ・商品情報提示 ・会員情報管理 ・購入手続き ・配送手続き ・購入希望者の要望の管理
想定される物理的環境	インターネット環境	・インターネット環境 ・サイトが表示可能なハード
タスク完了に利用される想定される装置	パソコン、スマホ、タブレット	パソコン、スマホ、タブレット

2.6.2　購入者を対象とした利用状況の記述

ユーザグループ

考慮するユーザグループ		
	ユーザグループの確認	購入者
	記載するユーザグループ	-
二次または間接ユーザ		
	製品とのインタラクション	特になし
	出力結果による影響	-

技能および知識

製品がサポートするプロセスと手法の訓練と経験		EC サイトの利用経験がない場合は、店舗で購入する場合と比べ、販売員による使用方法の説明や決済フローのサポートが少ないため、ある程度の知識と経験が必要である。
利用経験		
	製品利用	ユーザグループの年齢層を 20 〜 50 代とした場合、約 50% が EC サイトの利用経験があると想定する（※野村総合研究所が 2018/11/6 日公表「生活者 1 万人アンケート調査（8 回目）」より）。
	主な機能が類似している他の製品の利用	・Amazon、楽天市場、Yahoo! ショッピング ・大体上記の類似サービスで経験可能な機能 ・商品閲覧 ・商品種別による必要表示の出し分け ・商品確保（カートに入れる機能） ・会員情報の登録および、サイト内における会員情報（配送先登録や購入履歴等）の活用 ・電子による決済処理 ・配送または商品の受け渡し指示
	インタフェースの仕様または OS が同じ製品の利用	-
訓練		
	主な機能によって提供されるタスク	EC サイトでの買い物
	主な機能	-
	主な機能が類似した他の製品利用	-
	インタフェースの様式または OS が同じ製品の利用	-
資質		特に必要なし（「自社ブランドの商品と加盟ブランドの商品で購入方法が異なる」というサービスの仕組みについては、理解するのに多少の資質が必要と言える）
関連する入力のスキル		・マウス、またはスマホを利用した画面操作ができる。 ・入力文字の切り替えを含めた、住所程度の短文章のタイピングができる。
言語能力		セレクトショップ（百貨店と言い換えることが可能なので、それを考慮すればほぼ必要ないと言える）
背景知識		-
知的能力		
	特徴的な適応力	該当なし
	特定の精神障害	該当なし
動機		
	職務およびタスクへの態度	-
	当該製品への態度	-
	情報技術への態度	-
	雇用組織への従業員の態度	-

身体的特性

年齢範囲と代表的な年齢	20 〜 50 代前後
性別	男性 65% に対して女性 35%
身体的制限事項および障がい	四肢喪失や弱視については、web 閲覧、また何らかの保管で web の内容が分かる状態であれば問題ない。

社会 / 組織環境（購入者が一個人であり、属している組織が理由となる要素が利用条件に関わるケースが少ないと考えられるため、この項目を割愛）

職務権限		-
職歴		
	勤務期間	-
	現職務の長さ	-
労働 / 操作時間		
	労働時間	-
	製品の利用時間	-
仕事の柔軟性		-

タスク

特定したタスク	・商品閲覧 ・希望商品の在庫確保 ・購入に必要な会員登録 ・決済手続き ・配送手続き
ユーザビリティ評価を実施するタスク	・商品閲覧 ・購入に必要な会員登録

タスクの特性

タスク目標	インターネット上で商品を購入する
選択	店舗に行き、販売員からサポートを受けながら購入を完遂する
タスク出力	-
リスク	・ネット環境に障害がおきて接続できなくなる ・購入方法が理解できず、途中で中断する ・購入に必要な情報を失念してしまう
タスク頻度	2 〜 3 ヶ月に 1 度
タスク持続時間	30 分〜 1 時間程度
タスクの柔軟性	以下の点について、購入を諦めてしまう程度に柔軟さが乏しい。 ・会員登録しなくては商品が購入できない点 ・英語住所を登録しなければ、会員情報の完了がせず、ログインしていると他ページに遷移できない点

身体的および精神的な辛さ		
	タスクに求められる辛さ	-
	他のタスクとの辛さの比較	-
タスクに必要な物		・会員登録に必要な情報 ・決済処理に必要な情報 ・決済に必要な財産
関連タスク		決済の際、利用の決済会社によってはセキュリティーコードの入力を求められる。
安全		-
タスク出力の重要度		-

2.6.3　運用担当者を対象とした利用状況の記述

ユーザグループ

考慮するユーザグループ		
	ユーザグループの確認	EC サイトの運用を主な業務とする担当者
	記載するユーザグループ	-
二次または間接ユーザ		
	製品とのインタラクション	特になし
	出力結果による影響	-

技能および知識

製品がサポートするプロセスと手法の訓練と経験		・EC の CMS パッケージをベースに作成されているため、管理画面インタフェースや EC 運用の基本的な機能については、EC の利用経験が数回あればおおむね利用可能。 ・ただし、オリジナルサービスとして実装された機能 (複数ブランドの購入や発注を同列として扱う機能やそれに伴い追加された会員管理機能) については、サービスフローの理解も含めて訓練が必要。
利用経験		
	製品利用	既存 EC サイトで同一パッケージの使用経験があるため、一連の管理画面操作が可能。ただし、オリジナルサービスとして実装された機能については利用未経験。
	主な機能が類似している他の製品の利用	・製品の利用経験についてはなし。 ・自社ブランドの受発注管理：既存 EC より以前は独自のエクセルファイルを利用していた。 ・会員情報の管理：ダイレクトメール配信ソフトの一部機能を利用して情報管理を行っていた。 ・加盟ブランドの受発注 (以下、オリジナルサービス)：運用の経験はなく、購入者側として同様の機能を持つサイトの利用経験がある。
	インタフェースの仕様または OS が同じ製品の利用	同一パッケージの使用経験がある。

訓練		
	主な機能によって提供されるタスク	・在庫管理 ・商品陳列・販促 ・会員情報管理 ・購入手続き ・配送手続き ・その他、購入者からの要望の完遂 以下については利用経験がないため、訓練が必要。 ・オリジナルサービスの発注条件設定の登録 ・オリジナルサービスの発注情報確認・管理 ・オリジナルサービスに必要な会員情報の管理 訓練で提供されるタスク：考えられる購入ケース全てに対して、テスト購入を複数回行い操作を覚える。
	主な機能	・オリジナルサービスの発注条件設定 ・オリジナルサービスの発注情報表示
	主な機能が類似した他の製品利用	該当なし
	インタフェースの様式またはOSが同じ製品の利用	既存ECサイトで同一パッケージを利用している。
資質		オリジナルサービスの仕組みについては、理解するのに多少の資質が必要と言える。
関連する入力のスキル		・マウス、またはスマホを利用した画面操作ができる。 ・入力文字の切り替えを含めた、商品情報(300文字)程度のタイピングができる。
言語能力		・CSVファイル ・インポート ・エクスポート
背景知識		オリジナルサービスの仕組みについてシステムで受注した以降のサービスフローが決定しておらず、システムの使用方法というよりは、それ以降に関わるフローに必要な情報がシステムで網羅できているのかが誰にも判断できない。
知的能力		
	特徴的な適応力	特になし
	特定の精神障害	特になし
動機		
	職務およびタスクへの態度	運用担当チーム体制が入れ替わり、全て新任になった。業務に対しては真摯に取り組んでいる。
	当該製品への態度	既存ECの利用によりインタフェースの操作に抵抗はなかったが、オリジナルサービス部分の操作については消極的であった。
	情報技術への態度	前任の運用チーム以外の社内メンバーのITリテラシーが全体的に高くないため、引き継ぎ内容を理解ためのすべを持ち合わせておらず、全て操作方法に対して「指導してもらう」姿勢が強い。
	雇用組織への従業員の態度	EC部門に対し、高い目標による強いプレッシャーがあった。

身体的特性

年齢範囲と代表的な年齢	30 〜 40 代
性別	男女
身体的制限事項および障がい	特になし

社会 / 組織環境

職務権限		EC 運営に対して決済権以外の全ての権限を有している。ただし、以下については他部門との協議により決定している ・在庫数 ・売上目標 ・販促時期 ・販促方法 ・新規ページ (商品やキャンペーン) の公開
職歴		
	勤務期間	5 〜 8 年
	現職務の長さ	3 ヶ月
労働 / 操作時間		
	労働時間	15 時間程度 / 日週休 1 〜 2 日
	製品の利用時間	・上記時間の 8 〜 9 割で該当システムを使用した業務を行っている。 ・週の 5 時間程度は在庫管理をするためにシステムを使用しない時間がある。 ・通年・昼夜問わない。
仕事の柔軟性		かなりの時間をこのシステムを利用した業務に費やしているが、時間の使い方については業務タスクの優先度順に行っているため、担当者に判断の優先度は委ねられていない。

タスク

特定したタスク	・在庫管理 ・商品陳列・販促 ・会員情報管理 ・購入手続き ・配送手続き ・その他、購入者からの要望の完遂 ・オリジナルサービスの発注条件設定の登録 ・オリジナルサービスの発注情報確認・管理 ・オリジナルサービスに必要な会員情報の管理
ユーザビリティ評価を実施するタスク	・オリジナルサービスの発注条件設定の登録 ・オリジナルサービスの発注情報確認・管理 ・オリジナルサービスに必要な会員情報の管理

タスクの特性

タスク目標		インターネット上で商品の販売を行なうにあたり、購入者に必要情報を開示し、購入手続きから商品受け取りを滞りなく行ってもらう。
選択		メールや電話で購入者や発注者と連絡を取り、Excel ファイル等で受発注、在庫の管理、会員情報の管理を行う。金銭授受を振込で行う。
タスク出力		特になし
リスク		・ネット環境に障害がおきて接続できなくなる ・管理画面へのログイン、決済連携先等のログイン情報を紛失する ・サイトがハッキングされる
タスク頻度		毎日
タスク持続時間		15 時間程度 / 日
タスクの柔軟性		15 時間のうち、どのタスクをどの順で行うかは運用者に委ねられている (組織内の優先度により実行順がある程度定まっているタスクは別)。
身体的および精神的な辛さ		
	タスクに求められる辛さ	・高価な商品も扱っているため、購入者に与えるブランドイメージを担っている点では精神的な負荷がある。 ・売上金額に高い目標が定められているため、EC の運用自体に精神的な負荷がある。
	他のタスクとの辛さの比較	決済管理に関わる実行タスクについて精神的な負荷が高い。
タスクに必要な物		・PC ・タブレット ・スマホ ・画像編集ソフト
関連タスク		・製品撮影 ・倉庫の出庫作業 ・配送のために配送伝票を用意する
安全		特に関連がない
タスク出力の重要度		特に関連がない

組織環境

組織構造		
	グループ作業	・商品の撮影者：商品を撮影した際のデータを運用担当者に提出する。 ・商品在庫管理担当者：実店舗とECの両在庫管理を担当しており、店舗間の在庫移動や出荷の際に管理画面を直接編集している。また商品の登録作業についても、品番の登録等、一部入力作業を管理画面より行っている。 ・マーケティング担当者：キャンペーンの通知やメールマガジンの発行、会員特典の案内に関する会員情報を、管理画面より直接確認している。
	支援	・受けられない。どのような問題が起きた場合も、自己で独自の方法を考え解決する必要がある。 ・システムの操作方法に関する支援は、システム制作会社への問い合わせが可能。
	中断	・昼休憩（1時間/日） ・店頭販売を行わなければならない時間（のべ1時間程度/日） ・倉庫での作業時間（週5時間程度）
	管理体制	・代表取締役 ・オリジナルサービス部門責任者 ・販売部門責任者
	コミュニケーションの構造	・毎朝行われる情報共有朝礼 ・週1回の頻度で行われる戦略会議
方針および文化		
	ITポリシー	DXを掲げたオリジナルサービスを推進していきたいが、全体的なITリテラシーは高くないと言える。
	組織目標	一連のオリジナルサービスを自動化させる
	労使関係	ITによる解決範囲が社内で理解されていないため、作業範囲が過多である。
作業者/ユーザの管理		
	パフォーマンス監視	サイトが停止した場合は、監視会社よりアラートメールが配信される。
	パフォーマンスのフィードバック	すべて売上実績による指標でフィードバックを受けている。
	作業ペース	繁忙期やキャンペーン時は商品オプションの条件が増加するため、販売までの作業過多となる。さらに配送コントロール業務も増加する。

技術環境

ハードウェア		
	製品の実行に必要なもの	サーバー
	製品利用時に生じがちなこと	特になし
ソフトウェア		
	製品の実行に必要なもの（例えば、OS）	決済管理権限が発行された PC（OS は不問）
	製品利用時に生じがちなこと	特になし
参考資料		オリジナル機能を含む制作会社が作成した操作マニュアル

物理環境

環境条件（製品を標準のオフィス環境で利用する場合、"SO" と記述する。）		
	空調条件	SO
	音響環境	-
	温熱環境	-
	視覚的環境	-
	環境の不安定さ	-
作業環境デザイン		
	空間および什器	販売店内やバックヤードで作業を求められる場合があり、その場合はノート PC が置ける最小限のスペースとなる。また、倉庫で移動を伴う確認作業、商品撮影時などには PC を固定する什器がない。それ以外の通常時は特に問題ない
	ユーザ姿勢	「空間および什器」に記載した状態の場合は、立った状態でノート PC を操作している。
	製品の設置場所	上記の作業場所による
	作業場の場所	どの場所である場合も、大体電車移動が 1 時間圏内に在所する。
健康および安全へのリスク		
	健康被害	特になし

第3章

ユーザニーズ報告書

3.1　ISO/IEC 25064の概要

　ISO/IEC 25064は、CIFシリーズの中でユーザニーズ報告の書式を規定するものである。ユーザニーズは、人間中心設計の活動において独立して存在するものではないが、全ての活動の中心となっているため、書式として規定する必要がある。ISO/IEC 25064はソフトウェアまたはハードウェアシステム、製品またはサービスに適用可能であり、現存および新規の製品、サービスおよびシステムに関連する。また、その内容は、ISO 9241-210およびISO/IEC JTC1 SC7プロセス規格における開発プロセスから得られるシステムレベル文書の一部としての利用も意図されている。想定読者は、企画部門、マーケティング部門、要求分析、開発、品質から販売に至る各部門担当者およびマネージャである。

　ISO/IEC 25064の中では、ユーザニーズは「特定の利用状況内で暗黙のうちに示され、または述べられた、意図した成果を達成するために、ユーザまたはユーザのグループに必須であると特定された前提条件」と定義されている。以下にユーザニーズの具体例を挙げる。

例1　発表者（ユーザ）は、限られた発表時間（利用状況）の間に発表を完了させるために（意図した成果）、どれだけの時間が残されているか（前提条件）を知る必要がある。

例2　口座管理者（ユーザ）は、キャッシュフローを監視している最中に（利用状況）日々の会計記録を完成させるために（意図した成果）、受け取った請求書の数およびそれらの金額（前提条件）を知る必要がある。

3.2　ユーザニーズ報告書とは

　ユーザニーズ（前提条件）は、組織と消費者双方のあらゆる種類のシステム、製品またはサービスを設計するために重要な、具体的な中間成果物である。開発プロセス全体を通してユーザニーズが満たされる必要がある

ため、「監査証跡」として使用することができる。

ユーザニーズ報告書は、多数の多様なユーザおよび多数の設計者および開発者を有するシステム、製品またはサービスに特に関連し、全ての設計者および開発者が確実に同じ情報基盤に則って動くために役立つ。一方、設計者および開発者が少なく、単純なアプリケーションまたは製品では、正式なユーザニーズ報告書は不要である。しかし、関連する情報を収集・文書化し、設計者および開発者が利用できるようにすることは、大切である。ユーザニーズ報告書には、ユーザニーズ自体と設計内容を決定するための根拠、さらにその妥当性確認のための理論的根拠が含まれる。また、必要に応じて、データ収集方法も含めることができる。

ユーザニーズを報告する目的は、以下の通りである。

・識別されたニーズ、意図したユーザグループ、それらのニーズの情報源、および情報を得るために使用された方法に関する情報の提供
・様々なユーザグループおよび様々なタイプのニーズにわたるユーザニーズの統合に関する情報の提供
・報告書の目標ユーザ（例えば、設計者、開発者、評価者）間の効果的な情報交換をサポートすることによる、ユーザニーズの一般的な理解の獲得
・利用状況に関する情報の妥当性確認と精緻化
・ユーザ要求事項を開発するための基礎の提供

図3.1を用いて具体的に説明する。まず、左上で顧客は開発者に対してシステム導入の狙いとして「作業効率を上げたい」と伝えており、それに対して開発者側はヒアリングを通じて様々な情報を入手しようとしている。続いて右上で、顧客は追加の狙いとして「使いやすく」を要求し、開発側も受け入れている。しかし右下で顧客は、完成した表形式で情報を示すシステムに対して「グラフの方が分かりやすい」と不満を示している。開発側はそのような要求は受けていないと反論するが、「使いやすくする」という要求については合意しているため、議論はかみ合わない。

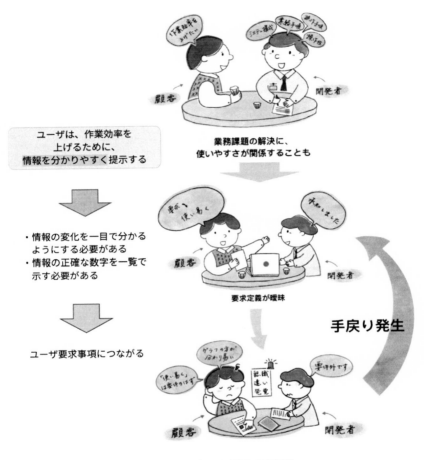

図3.1　ユーザニーズ報告の必要性

　おそらく顧客側は「作業効率を上げるために情報を分かりやすく提示する」ということを望み、開発側もそれは理解した（はず）である。しかしその意味、すなわち前提条件が、

・情報の変化を一目で分かるようにする（グラフ化）
・情報の正確な数字を一覧で示す必要がある（表形式）

と2通りあり、顧客は前者、開発者は後者と捉えたために認識違いが生じた。このように、前提条件の違いはユーザ要求、さらにユーザインタフェース/ユーザシステムインタラクションの仕様を左右するので、これを示すユーザニーズ報告は非常に重要である。

　ユーザニーズ報告書の対象読者は表3.1に示す通りである。

表3.1　ユーザニーズ報告書の対象読者

利用状況	対象読者	使い方
購入	要求事項開発者	対象のシステム、製品またはサービスのユーザ要求事項を明示し、使用シナリオを明示する。
	ユーザビリティおよびアクセシビリティの専門家	対象のシステム、製品またはサービスのユーザ要求事項を指定する。
開発	要求事項開発者	開発するシステム、製品またはサービスのユーザ要求事項を仕様化し、使用シナリオを明示する。
	ユーザビリティおよびアクセシビリティの専門家	開発するシステム、製品またはサービスのユーザ要求事項を仕様化する。
	開発者	ユーザ要求事項に基づいてシステム要求事項を仕様化する。
	製品管理者およびプランナー	仕様化された要求事項に基づいて、開発に必要な資源を見積もる。
	品質管理者	実施された要求事項に基づいて、開発プロジェクトの進捗状況を評価する。
保守	ユーザビリティおよびアクセシビリティ専門家	既存システム、製品またはサービスを改善するための要求事項を特定する。
	管理者（スポンサーおよびプロジェクト管理者など）	仕様化された要求事項に基づいて保守に必要な資源を見積もり、実装された要求事項に基づいて保守プロジェクトの進捗を評価する。
	マーケティング専門家	既存システム、製品またはサービスを改善するために要求事項の処理状態を監視する。
	品質管理者	既存のシステム、製品またはサービスを改善するために、要求事項の処理状態を監視する。

3.3　ユーザニーズ報告書の種類

　ユーザニーズ報告書は、以下に示す3種類がある。用途によって使い分けるが、ニーズ（前提条件）を示すという点で大きな違いはない。

①現行の製品、サービスおよびシステムのユーザニーズ報告書

　現存する製品、サービスまたはシステムについて、製品、サービスまたはシステムとのそれらの使用および体験（すなわち、ユーザエクスペリエンス）に基づいてユーザのニーズを特定するユーザニーズ報告書。このようなニーズアセスメントは、どのような修正が必要であるかを決定するために、また、場合によっては、現行の製品、サービスまたはシステムを新しいものに置き換える必要があるかどうかを決定するために使用される。

②新しい製品、サービスおよびシステムのユーザニーズ報告書

　製品、サービスまたはシステムが新しい場合に、そのユーザニーズを特定するユーザニーズ報告書。典型的には、対象となる製品、サービスまたはシステムについて想定される特定された利用状況（例えば、ユーザ、タスクの種類、および想定された環境：ISO/IEC 25063）に基づいて記述される。なお、製品全体に関連するニーズではなく、新しい特徴のニーズについてのみ評価することがある。

③利用状況を決定、検証、変更、精緻化するためのユーザニーズ報告書

　新しい（または改良された）製品、サービスまたはシステムの利用状況を最初に決定するためのユーザニーズ報告書。この場合、情報は、それらの目的（または責任）、タスクおよび環境並びに関連するニーズに関するユーザグループから収集される。この情報は統合され、利用状況の記述のために使用することができる。この種のユーザニーズ報告書は、現行の利用状況、初期の概念的または意図された利用状況の記述を検証、変更、精緻化するのに非常に役立つ。

　ここで、ユーザニーズ報告書と他の情報品目との関係について述べる。第2章で解説した利用状況記述書は、ニーズ評価においてサンプリングする母集団と内容領域を決定するための情報を提供する。これを受けてユーザニーズ報告書に記載される母集団、責任および活動に関する情報は、利用状況の検証、変更および精緻化のための情報として提供される。なお、ニーズ評価の前に利用状況の初期段階の記述が作成されていない場合には、

利用状況に関する情報をニーズ評価の一部に含めることができる。

　また、ユーザニーズ報告書は、第4章で解説するユーザ要求事項を記述する際に、どのニーズがユーザ要求事項になるかを分析し、決定するための基礎となる。

3.4　ユーザニーズ報告書の内容

　ユーザニーズ報告書は、以下の①から⑧の内容で構成される。

①ユーザニーズ報告書の対象
②システム/製品/サービスのニーズの初期指標または改善点
③ユーザ責任および目的
④ユーザニーズの基礎となる情報源データ
⑤統合されたユーザニーズ
⑥ユーザ要求事項の開発者に関連する推奨事項（適切な場合）
⑦データ収集方法/手順
⑧サポート情報

以下、順を追って説明する。

3.4.1　ユーザニーズ報告書の対象

　本項目では、例えば「エンタープライズシステム」「自動運転バス」など、対象とするシステム名称を記述する。

3.4.2　システム/製品/サービスのニーズの初期指標または改善点

　本項目では、例えば「自動運転バスで乗客が行先を確認したいときに、何らかのスイッチを押さずに遠隔会話できるようにしたい」など、顧客調査やトラブル報告などから得られる情報を記述する。ユーザニーズ評価の前に、既存システム、製品またはサービスの改善に関連する情報が存在し

た場合は、当該情報を提供しなければならない。

3.4.3　ユーザ責任および目的

　本項目では、利用状況記述書で特定されているか、他の情報源が存在する場合はそこで特定されるユーザグループごとに、以下の情報を提供しなければならない。

・利用状況に関連する現在のまたは予想される責任および/または目標
・生産された、または生産されると予想される成果（例えば、プロセスの結果）

　ユーザグループは、職名、使用状況（消費者製品の場合）、職業などに基づくことがある。ユーザグループと目標の説明に関する情報については、ISO/IEC 25063を参照する。また、二次ユーザ（例えば、監督者、保守要員）もニーズアセスメントに含めることができる。

3.4.4　ユーザニーズの基礎となる情報源データ

　本項では、ユーザニーズの情報源を記述する。ユーザニーズは、以下を含む様々な情報源を介して得られる情報に基づいて記述される。

・利用状況の分析（利用状況仕様書）
・特定・報告されたユーザニーズ
・特定・報告された管理者および他のステークホルダニーズ
・パフォーマンス不足/課題/改善点（特定された場合）

(1)特定・報告されたユーザニーズ

　ユーザニーズは様々な方法によって特定および報告され、できる限り入手することが望ましい。ユーザは、必ずしも直接システムや製品を利用するエンドユーザだけではなく、例えば自動運転バスでは、乗客、オペレータ（運行管理者）なども含まれる。特定されたニーズは、ユーザグループ

間での比較を可能にするために、ユーザグループおよびユーザ責任または
目標に基づいて報告・要約される。その後、類似性、関連性、重要性およ
び利用状況に基づいて分析され、3.4.5項に記載する「統合されたニーズ」
となる。本項目の記述には、以下を含める。

・関連するユーザまたはユーザの組（誰が）
・達成され、ほのめかされ、明言される、意図した成果（何のために）
・意図した成果を達成するために必然的に特定される前提条件（ニーズ）
　（何を）
・適用される、明示された利用状況

　以下に例を示す。

例1：従業員（ユーザ）は、企業コンピュータシステムを使用して（利用状
　　　況）自分の業務アプリケーションにログオンするために（意図した成
　　　果）、アクセスコード（ニーズ）を取得する方法を知る必要がある。
例2：税務準備者（ユーザ）は、税務準備システムを使用して（利用状況）
　　　税金を準備する（意図した成果）ために、損益計算書（ニーズ）のコ
　　　ピーを取る必要がある。

　本項目とともに提供される追加情報は以下の通りである。

a)ニーズの情報源：ユーザから報告されたもの、専門家から引き出されたも
　の、専門家から引き出された主要問題、または以前の情報源が含まれる。
b)ニーズに関するユーザ責任または目標：ユーザが自分の職務または他の
　努力（例えば、日程変更要求の工程）に関して有する義務または目標を
　記述する。なお、目標は何らかの成果であることが意図されている。本
　項目は、できれば利用状況の記述と一致する方法で明示されることが望
　ましい。
c)ニーズの根拠：ニーズに対するユーザまたは他の情報源の根拠（すなわ
　ち、理由）を記述する。本項目は、できる限り、利用状況に関連付けら

れることが望ましい。

d) 出現頻度：ニーズが起こることが予想されるか、または知られている頻度を記述する（「ユーザは、ウェブサイト上で交通量を毎週知る必要があると述べている。」など）。

e) 品質属性：意図した成果の正確性、適時性、および完全性などを記述する。利用状況で特定されたユーザニーズに含まれることが望ましい（SQuaRE シリーズ参照）。

また、ニーズの種類は以下の通りである。

・情報ニーズ：職務機能またはユーザ目標（現在利用可能であるか、または将来望まれるかのいずれか）を達成するために明示された情報に関係する。

　例：現地通貨（利用状況）で現金を使わずに外国でレンタル車を運転する場合、車の運転者（ユーザ）は、現地現金を得る必要なしに（成果）目的地に到達するために、どのルートが現金ベースの料金所（ニーズ）を伴わないかを知る必要がある。

・処理ニーズ：機能または目標を達成するためにユーザが必要とする明示されたプロセス（例えば、計算方法）に関係する。

　例：購買（利用状況）のために評価されるソフトウェア商品のユーザ満足スコアを比較するために（成果）、査定者（ユーザ）は、同じ統計的規則を使用して全てのスコアを計算する（ニーズ）必要がある。

・"楽しむ"に対するニーズ：製品、システムまたはサービスが楽しめる（例えば、関心があり、挑戦し、満足する）ためのニーズに関係するもので、しばしば消費者製品に関連する。

・環境ニーズ：システム、製品またはサービスが動作する物理的および/または社会的想定された環境に関係する。

　例：病院の患者の寝台での採血の間（利用状況）、看護師（ユーザ）は、検体を採取しながら測定尺度器具を配置するための安全な空間を確保する（前提条件）必要があり、その結果、汚染のリスクなく、その後、次の患者のために再使用することができる（意図した成果）。

・他のタイプの特性されたニーズ：相互運用性ニーズ、訓練ニーズ、資源ニーズ、サポートニーズなど。

(2)特定・報告された管理者および他のステークホルダニーズ

　例えば自動運転バスの乗客と運行管理者、運行会社組織では、ニーズやパフォーマンスが異なる（ギャップが生じる）。他のステークホルダとして運行自治体も考えられ、そこでのニーズもまた異なる可能性がある。このような、ユーザの状況および/またはニーズに直接影響を与える他の重大なステークホルダ（上級管理者または規制当局など）のニーズも、ニーズアセスメントに含めることが望ましい。管理者はシステムデータとパフォーマンスに対し独自のニーズを持っており、パフォーマンスと管理者の目標との間の「ギャップ」に関する管理者視点は特に重要である。

　以下に、本項目とともに提供される追加情報を挙げる。

a) ニーズの情報源（(1)と同様）：ユーザから報告されたもの、専門家から引き出されたもの、専門家から引き出された主要問題、または以前の情報源が含まれる。

b) ニーズに関する組織責任または目標：組織責任は、組織目標を実現しようとしている間に、特定の管理者、組織またはステークホルダ群が自分の職務（例えば、日程変更要求を承認すること）のために定める要求事項である。できれば、利用状況の記述と一致する方法で示されることが望ましい。

c) ニーズの根拠（(1)と同様）：ニーズに対するユーザまたは他の情報源の根拠（すなわち、理由）を記述する。できる限り利用状況に関連付けられることが望ましい。

d) ユーザニーズに関する影響：明示されたユーザニーズからの影響に対する管理者/ステークホルダの見解である。できる限り品質属性に関連付けられることが望ましい。

e) 出現頻度（(1)と同様）：ニーズが起こることが予想されるか、または知られている頻度を記述する。

　　例：ユーザは、ウェブサイト上で交通量を毎週知る必要があると述べている。

f) 品質属性（(1) と同様）：意図した成果の正確性、適時性、および完全性などを記述する。利用状況で特定されたユーザニーズに含まれることが望ましい（SQuaRE シリーズ参照）。

　また、ニーズの種類は以下の通りである。

・出力ニーズ：産生されるか、産生されることが予想される明示された出力（例えば、プロセスの結果）のためのニーズに関係する。
　　例：トラック配達のために要する時間を計画するために、トラック発送監督者は、トラックがそれぞれの顧客施設へのルートで行った全ての停車の記録を保持する必要がある。

・手続きニーズ：管理者/ステークホルダがその責任または目標を達成するために必要とする明示された手続きニーズ関係する。
　　例：スケジュールを再割り当てするためには、運行管理者は、準備されたルート内での計画の偏りを運転者に知らせる必要がある。

(3) パフォーマンス不足/課題/改善点（特定された場合）

　ユーザニーズに影響を及ぼすパフォーマンス不足、課題、改善点が特定された場合は、それを報告しなければならない。これらの情報は、様々な情報源またはニーズアセスメントから得られる可能性がある。特にパフォーマンス不足および課題に関連するデータは、ユーザビリティ試験報告書（ISO/IEC 25062 の場合）のような評価試験からもたらされ得る。なお、ユーザおよびステークホルダから報告されたパフォーマンス不足、課題および改善は、原因、影響、解決（または提供）の価値および可能な解決策の観点から分析することが望ましい。

①パフォーマンス不足
　パフォーマンスには、システムのパフォーマンス、人間のパフォーマンス

および顧客満足があり、パフォーマンス不足データは、明示されたパフォーマンス要求事項が存在する環境においてのみ得られる。典型的なパフォーマンス要求事項には、数量、品質および適時性が含まれ、主題の専門家、監督者、障害報告、アラームなどによって報告される。

　実際には、パフォーマンス不足はシステムまたはや環境など種々の要因によって引き起こされ得る。パフォーマンス不足に関連する情報には、以下を含めることが望ましい。

・不足が起こった状況

・不足出力を産生した者（個々のユーザではなく、ユーザグループ）

　記述例：顧客サービス担当者

・出力の内容記述（その特徴、例えば書式、媒体を含む）

・出力の要求事項（品質、適時性、顧客満足などを含む）

　記述例：設計解は正しく、10分以内に提供され、顧客は満たされなければならない（7段階評価で少なくとも5）。

・パフォーマンス要求事項からの偏り（例えば、データの欠落、情報の不正確さ、反応時間偏り）

　記述例：設計解は20%が不正確であり、40%が10分以上で提供され、顧客満足平均は7段階評価で4である。

・特定された不足の原因（対象領域の専門家、監督者、トラブル報告書など）

　記述例：監督者情報および顧客満足調査

・測定の方法（例えば、誤差、時間測定尺度、満足点数など）

・原因、罰則および解決価値（例えば、コスト/利益）

　記述例：原因：システム特徴および課題設計解に関する十分な情報の欠如/罰則：不運な顧客による事業の喪失

　パフォーマンス不足の解決または改善の価値を見積もるためには、不足しているコストまたは品質、反応時間、コストを追加することで改善可能かなどを判断することが求められる。さらに、ROI（投資収益）またはリスク管理（誤差の回避程度）を用いて評価することができる。

②課題

　トラブル報告書、顧客サービス担当者、ユーザ調査、フォーカスグルー

プなどによって特定することができる。課題に関連する情報には、以下を
含めることが望ましい。

・何が間違っているか、または間違っているように見えるかに基づいた課題
　　記述例：ユーザが購買アイテムに対して間違ったコードを入力すると、
　　　　　システムがクラッシュする。
・特定された課題（不具合報告書、調査など）の出所
　　記述例　トラブル報告、顧客サービス担当者報告書
・考えられる原因（課題を引き起こす可能性が最も高いものについての判断）
　　記述例：不正確なコードに対するエラー処理ルーチンが適切に機能しな
　　　　　かった。
・影響の可能性（正および負）
　　記述例　インターネットカタログ項目の売上高減少、顧客満足の減少
・解決する価値（例えば、コスト/利益）
　　記述例：解決のコストは6時間と推定される（より多くの販売とより高
　　　　　い顧客満足といった利益に対して、問題解決のためのおよそ6時間の
　　　　　プログラマの時間といったコスト）。

③改善点
　　ユーザ、対象領域の専門家、管理者、または他のステークホルダによっ
て報告することができる。ただし、ユーザによって列挙された改善項目は、
ニーズアセスメント中に表明されたニーズ記述と重複する可能性がある。
　　改善に関連する情報には、以下を含めることが望ましい。
・改善の内容
　　記述例：カーナビシステムにおいて、ユーザが好むルートによってルー
　　　　　トが修正されて再利用されるならば、より効率的であるので、次回は
　　　　　修正ルートを使うためのオプションとしてシステムが提供し、選択さ
　　　　　れる。
・特定方法
　　記述例：インタビュー中のユーザのコメント
・影響の可能性（正および負）
　　記述例：正の影響は、好みのルートを計算する時間をより短くすると推定

　　される。負の影響は、装置の記録容量消費の増加であると推定される。

・改善期待値

　記述例：事前計算されたお気に入りルートは75％減

・提供価値（例えば、コスト/利益）

　記述例：コストは20時間のプログラミング時間および1GBの追加のメ
　　モリ。利益は運転ナビゲーションシステムの売り上げ10％増。

3.4.5　統合されたユーザニーズ

　本項目では、前項(1)報告・特定されたユーザニーズ、(2)報告・特定された管理者および他のステークホルダニーズ、(3)パフォーマンス不足/課題/改善点を分析し、統合されたユーザニーズとしてまとめ、以下の要素を含めて記述する。

・ニーズの内容
・ニーズの情報源
・ニーズに関するユーザ責任または目標
・ニーズに関する組織責任または目標（適切な場合）

　また、実際に統合されたユーザニーズが確認または報告された場合は、以下の情報を提供しなければならない。

・包含の根拠（矛盾するニーズの解決を含む）
・ニーズの種類
・発現頻度
・品質属性

　報告・特定されたユーザニーズはユーザから収集された情報に基づいて記述されるが、これらの一部は統合されたニーズには含まれなかったり、あるいは修正されたりする。したがって、統合されたニーズには、削除・修正されたニーズの一覧表を添付することが望ましい。

3.4.6　ユーザ要求事項の開発者に関連する推奨事項

　本項目では、開発者に対する、統合されたニーズおよび関連分析に基づく推奨事項を記述する。ユーザ要求事項を満たすための様々な統合ニーズに関する勧告や、ユーザニーズ解析によって変更された利用状況の項目が含まれることが望ましい。

　組織的環境に対しては、管理者ニーズと部下のニーズとの調整に関する推奨事項を提供することが特に大切である。なお推奨事項は、ユーザグループ、目標、資源、環境などの利用状況の変化によって変更となる場合がある。

3.4.7　データ収集方法/手順

　本項目では、データを収集するためにサンプリングされた母集団や、使用する方法および手順を記述する。

　ユーザニーズアセスメントは、文書分析、専門家分析、インタビュー、調査、重大インシデント評価、質問表、および評価尺度などによって実施される。また、評価方法の選択およびデータの収集量は、プロジェクトの適用範囲、情報源の可用性、ニーズアセスメントチームの資源に依存する。

(1) ユーザニーズアセスメント参加者の選択

　ユーザニーズアセスメントに参加するユーザは、一般に利用状況記述に基づいて選択される。本項目では、意図した利用状況の適用範囲内である全てのグループを特定し、それぞれのグループに関する情報を記述する。その際には、システム、製品もしくはサービスを使用している様々なタイプのユーザ、組織および場所に関するできるだけ多くの情報を得ることが大切である。

　ユーザニーズは、現行の利用状況ではなく、意図した利用状況に基づくことが望ましい。ユーザニーズアセスメントに参加するユーザの例は、以下の通りである。

・専門家ユーザ
・対象領域の専門家（適宜）

・定期ユーザ

・頻度が低いユーザ

・初心者（経験が限られている）

・サポート職員

・上記集団の監督者（適宜）

(2) ユーザニーズアセスメント参加者の記述

本項目では、ユーザニーズアセスメントに関わるユーザの特性を記述する。これには、ISO/IEC 25063に記載されているユーザ記述カテゴリを使用することができる。

ユーザの特性は、例えば経験または身体的能力の様々なレベルとともに定義される。また、ユーザニーズアセスメント参加者には、身体的または心理的特性（身体の大きさ、強度、生体力学的能力、視覚的能力、聴覚能力、知識、経験、またはリテラシー）が、意図したユーザ集団と極端に異なる人々が含まれることが望ましい。

また、本項目には以下の記述も含まれることが望ましい。

・職名およびその一般的な職務責任

・消費者製品の場合は、製品の使用状況

・以下に示すような経験

-関連するテクノロジーの使用（例えば、コンピュータ・プラットフォームなど）

-ブランド、製品または適用対象の分野の経験および習熟度（適切な場合、典型的の職務経験の長さ及と習熟度に関する自己評価を含む）

-関連する訓練コース（適切な場合）

-既成概念および慣れた活動に基づく経験（適切な場合）

・製品またはシステムの使用に関連する、すでに保有している技能（可能であれば定量化する）

記述例　タイプ入力、手先の器用さ、情報処理、課題解決など

・現状または予想される、製品、アプリケーションもしくはシステムの使

用頻度。以下のユーザカテゴリによって表される情報が含まれる。

-定期的なユーザ：システム、製品またはサービスを日常的に利用するユーザ。

-頻度が低い不定期ユーザ：システム、製品またはサービスを時折利用するが、1日のほとんどを何か他のことに費やすユーザ。例えば、注文の状態を確認する販売員、意思決定を行うためにいくつかの予算パラメータを変更する管理者、年1回税金を準備するために税制を使用する人々など。

なお、製品、アプリケーションもしくはシステムの使用には、時間的圧迫やエラーの発生に対する高ペナルティといったプレッシャーが含まれる。これらのプレッシャーは、ストレスの原因となり得、運用における長期間の非効率性につながり得る。

(3) 方法および手順

本項目では、ユーザニーズアセスメント参加者からデータを収集するために使用される方法および手順を詳細に記述する。データ収集器具および指示に関連する附属書を添付することができる。

3.4.8　サポート情報

本項目では、システム、製品またはサービスを使うことによってサポートするための情報およびサポートを実現するために必要な情報を記述する

(1) システム/製品/サービス記述、目的、制約条件

本項目では、システム、製品またはサービスに関する以下の情報を記述する。

・内容
・意図しているユーザ集団
・目的および制約条件

・それによってサポートされている、またはサポートされることが意図されている支援技術
・使用が意図される物理的および社会的想定された環境
・それによってサポートされる（またはサポートされることが意図される）ユーザ活動の種類

(2) データ収集器具

　本項目では、ニーズアセスメントで使用される全てのデータ収集器具を記述する。面談者や回答者への指示、またデータ収集器具の有効性や信頼性に関する情報が入手可能である場合は、それらも記載することが望ましい。

(3) データ要約

　本項目では、以下のデータの概要を記述する。また、パフォーマンス不足、課題、改善のデータ要約も示すことが望ましい。

・ニーズアセスメント参加者の特性
・組織およびユーザカテゴリに別のニーズデータ
・ステークホルダのタイプ別のニーズデータ（重要性および頻度別に評価することが望ましい）。

3.5　ユーザニーズ報告書の事例

　ユーザニーズ報告書では、タイトルページ、エグゼクティブサマリー（報告書の内容を簡潔にまとめたページ）に続き、ユーザニーズ分析・評価の対象とするシステム、製品、サービスおよび目的（ユーザがやりたいこと）について記述される序文を記述し、その後、3.4節で説明した各項目を記述する。

　以下に、第2章で示したセレクトショップ型ECシステムの事例のユーザニーズ報告書を示す。

タイトルページ	セレクトショップ型 EC サイトにおける ユーザニーズ報告書（商品購入者）	セレクトショップ型 EC サイトにおける ユーザニーズ報告書（運用担当者）
エグゼクティブ サマリー	・セレクトショップ型 EC サイト ・EC の商品購入者 ・旧サイトの購入者動向、購入者からの要望や質問 ・購入者 ・男女問わず ・旧 EC サイトの購入者動向、購入者からの要望や質問	・セレクトショップ型 EC サイト ・EC 運用担当者 ・旧サイトの運用時からの要望 ・EC を保有する会社社員、もしくは運用に携わる会社 ・男女問わず ・役職、部門問わず ・旧 EC サイトの運用時からの要望、購入者からの要望や質問
序文（報告書の 対象とするシステム/製品/サービスの説明を含む）	・セレクトショップ型の EC サイト ・共通したひとつのコンセプトによって集められた複数の商品（ここでは酒屋の自社ブランドおよび加盟店ブランドの酒）を取り扱い、これらの会計をひとつの EC サイトで完結すること。 ・購入者は、自社で在庫を持っている商品を購入することだけでなく、直接、加盟ブランドに対して発注・購入を行えること。	・セレクトショップ型の EC サイト ・共通したひとつのコンセプトによって集められた複数の商品（ここでは酒屋の自社ブランドおよび加盟店ブランドの酒）を取り扱い、これらの会計をひとつの EC サイトで完結すること。 ・購入者は、自社で在庫を持っている商品を購入することだけでなく、直接、加盟ブランドに対して発注・購入を行えること。
対象システム/ 製品/サービス のニーズの初期 指標および改善 点	インターネット上での以下のことができるようになる。 ・商品閲覧 ・希望商品の在庫確保 ・決済手続き ・購入に必要な会員登録 ・配送手続き	インターネット上での以下のことができるようになる。 ・商品陳列・販促 ・購入希望者に対する在庫確保 ・会員情報管理 ・購入手続き ・配送手続き ・その他、購入者からの要望の完遂
ユーザ責任 および目的	ユーザ（購入者）は商品購入手続きを完了させるために、購入手続きを理解し、自ら会員登録を行い、操作を行う。	ユーザ（運用担当者）は、自社ブランドの商品または加盟ブランドの商品を購入しようとする購入者が購入手続きを完了できるようにするために、その操作手術や操作に必要な情報を提供する。

ユーザニーズの基礎となる情報源データ		
ユーザニーズの特定	・購入を検討している商品の情報を知る必要がある。 ・オプションの選択可能な商品については、オプション追加時の仕上がりイメージや、要する追加金額、予定納期等、オプションの詳細情報も同じページで確認し、選択できる必要がある。 ・自社ブランドの商品と加盟ブランドの商品で購入方法が異なる場合は、カートに入れる前に違いを確認できる必要がある。 ・商品の購入を行うために必要な会員登録ができる必要がある。また、海外の加盟ブランドが商品を発送できるように、送り先として英語の住所を登録する必要がある。 ・決済時、現在利用可能なポイントやクーポンがあれば同ページで確認できる必要があり、また、利用できるようにする必要がある。 ・購入・発注した商品が現在、流通ルートのどの位置にあるのか知る必要がある。	・収支先が異なるため、自社ブランドの商品と加盟ブランドの商品で決済を分ける必要がある。 ・加盟ブランドごとに異なる情報(配送設定、商品の保証内容など)や、収支先の異なる情報(自社サービスのポイント利用・クーポン利用の設定)を非表示にできる必要がある。 ・加盟ブランドが海外から出荷する場合に対応し、発送先となる会員情報や送り先情報に英語項目を追加できる必要がある。
特定された管理者/他のステークホルダのニーズ		今後の販促のため、会員情報を確実に収集できるようにする必要がある。
特定されたパフォーマンス不足/課題/改善	・購入者に対して、海外からの発送に必要な英語住所(都道府県から番地までの書き順が日本の住所の書き順と異なることや、建物名の英語表記など)の記載を求めたが、書き方の分かるユーザが少なかった。 ・購入の際に会員情報の登録を必須とし、その必須登録項目の中に英語住所が含まれていたため、会員登録の段階で購入を挫折したユーザがいた。 ・自社ブランドの商品と加盟ブランドの商品の違いがひと目で判断できず、注文後のショップからの問い合わせにより、自分の購入した商品が加盟ブランドの商品であることに気づくケースがあった。	・自社ブランドの商品と加盟ブランドの商品の会計を分けることで、手数料や配送料の決済もその都度必要となったため、お会計時にお客様にとっての「お得感」が半減してしまった。 ・加盟ブランドの商品を発注する窓口としての役割は果たせたが、発注〜加盟ブランドの発送〜商品が購入者に届くまでのフローが何も確立していなかったため、発注に必要な情報が後から追加で増え、幾度となくシステム改修を要することとなった(過去の購入データと改修後の購入データがもたらす運用上の影響や、過去のデータで受注した商品の取引が完了するまで二重管理の必要がある運用が発生してしまった)。

統合された ユーザニーズ	・購入を検討している商品の情報を知る必要がある。 ・オプションの選択可能な商品については、オプション追加時の仕上がりイメージや、要する追加金額、予定納期等、オプションの詳細情報も同じページで確認し、選択できる必要がある。 ・自社ブランドの商品と加盟ブランドの商品で購入方法が異なる場合は、カートに入れる前に違いを確認できる必要がある。 ・商品の購入を行うために必要な会員登録ができる必要がある。また、海外の加盟ブランドが商品を発送できるように、送り先として英語の住所を登録する必要がある。 ・決済時、現在利用可能なポイントやクーポンがあれば同ページで確認できる必要があり、また、利用できるようにする必要がある。 ・購入・発注した商品が現在、流通ルートのどの位置にあるのか知る必要がある。	・収支先が異なるため、自社ブランドの商品と加盟ブランドの商品で決済を分ける必要がある。 ・加盟ブランドごとに異なる情報(配送設定、商品の保証内容など)や、収支先の異なる情報（自社サービスのポイント利用・クーポン利用の設定）を非表示にできる必要がある。 ・加盟ブランドが海外から出荷する場合に対応し、発送先となる会員情報や送り先情報に英語項目を追加できる必要がある。 ・今後の販促のため、会員情報を確実に収集できるようにする必要がある。 ・自社ブランド、加盟店ブランド関係なく、一括した会計処理ができるように（少なくとも UI 的には 1 つの処理）する必要がある。 ・発注から発送に必要な情報を、事前に一括して購入者に示せるようにする必要がある。
ユーザ要求事項の開発者に関連する推奨事項	インタラクションについては、JIS Z8520（インタラクションの原則）に従って開発するのが望ましい。	ステークホルダ分析とそのニーズを抽出するために、ISO/IEC25019 (Quality-in-Use model) を参照するのが望ましい。
データ収集方法および手順	購入者の会員登録操作の様子を観測し、操作後に所感をヒアリングする。	自社ブランドの商品または加盟ブランドの商品を購入しようとする購入者が操作する様子を観測し、操作後に所感をヒアリングする。
サポート情報		
システム / 製品 / サービスの内容、目的、制約条件	セレクトショップ型 EC でお酒を購入する。意図するユーザは 20 歳以上。使用する端末は PC、タブレット、スマートフォン等のパーソナル端末。	セレクトショップ型 EC サイトで自社ブランドおよび加盟店でのお酒を販売する。法的制約から、購入者が 20 歳以上であることを確認できるような仕組みが必要。販売だけでなく配送まで行うため、物流システムとの連携も必要。
データ収集機器具	上記のように使用する端末を通じてデータ収集を行う。	運用システムを用いて、運用担当者その他ステークホルダの情報を、ネットワークを通じて収集する。
データ要約	ユーザ特性は 20 歳以上、性別の違いはなし。組織、ステークホルダ分類は不要。	組織内での情報に依存。

第**4**章

ユーザ要求事項仕様書

4.1　ISO 25065の概要

　ユーザ要求事項は、ユーザニーズや利用状況調査の結果を適用し、使いやすいインタラクティブシステムの設計や評価の基礎になるものである。ユーザ要求事項仕様書は、これらの要求事項を中心に、インタラクティブシステムの制約条件やデザインガイドラインをとりまとめたものである。ISO 25065は、ユーザ要求事項を仕様化するための枠組みを提供し、ユーザ要求事項仕様書の内容と、要求事項を記述するための様式を説明する。読者としては、要求エンジニア、ビジネスアナリスト、製品管理者、製品所有者、システムを取得する人々が意図されている。

　一般的に要求事項をマネジメントする場合には、要求事項の抽出（開発）、要求事項の記述、そして要求事項の評価という3つのプロセスが存在する。ISO 25065はこの中の記述のみに焦点を当てたものであるため、抽出や評価（ユーザ要求事項の場合は妥当性確認）の方法については、他の文献等を参照する。また ISO 25065では、ユーザ要求事項を開発する方法、ライフサイクル、プロセスについては触れられていない。ただし、ユーザ要求事項および仕様書の記述に限定した内容であるため、システムあるいはソフトウェア開発（アジャイル開発を含む）における要求事項の記述へと応用できる。また、ユーザ要求事項の考え方はインタラクティブシステムのために開発されているが、サービスなどの領域にも適用することができる。

4.2　ユーザ要求事項とは

4.2.1　関連する要求事項

　ユーザ要求事項は一般的に耳慣れない用語であるが、システムあるいはソフトウェアの要求事項に関連する概念である。システムあるいはソフトウェアの要求事項は、「合意事項、規格若しくは仕様または他の正式に取り交わした文書の内容を満たすシステム、システム構成要素、製品またはサービスによって、適合若しくは具備しなければならない制約条件または

能力」と定義されている。これは、ISO/IEC/IEEE 12207でも用いられているものである。

　一般的に、要求事項は機能要求事項を指していることが多いが、これ以外の要求事項として非機能要求事項がある。これは品質要求事項とも呼ばれ、ISO/IEC 25030おいては「製品、データまたはサービスが利用される目的から生じるニーズを満たす製品、データまたはサービスの品質特性または属性のための要求事項」と定義されている。

　一方、ISO 25065では、ユーザ要求事項は「特定されたユーザニーズを満たすためのインタラクティブシステムの設計と評価の基礎を提供する利用のための要求事項の集合」と定義され、対象をインタラクティブシステムに限定している。したがって、ユーザ自身に関する要求事項ではないことに注意する。なお、システム開発に先立って分析される利害関係者要求事項は、多様な利害関係者のニーズを分析して様式化したものである。一般的に、ユーザ要求事項はこの利害関係者要求事項の定義の後に定義される。

4.2.2　ユーザ要求事項の種類

　ユーザ要求事項は、特定のシステム設計解ではなく達成すべき成果を指示するものである。「システムを用いて、ユーザは～することができなければならない」と表現し、これを様々なシステム設計によって満たす。これに対し、システム要求事項では「システムは～しなければならない」と表現する。

　ユーザ要求事項には、以下に示す2つのタイプが存在する。

①ユーザシステムインタラクション要求事項
　一般的にはタスクまたはサブタスクに対応して存在するユーザ要求事項。意図した利用の成果を達成するために必要なインタラクションを特定し、ユーザが実行できるもので表現する。

②利用関連品質要求事項
　システム全体、任意の目標、タスクまたはサブタスクに対して存在する

ユーザ要求事項。インタラクティブシステムを利用すると達成される効果、効率、満足または他のタイプの品質を、意図した利用の成果と関連する品質基準で表現する。システムの合格基準としても設定することができ、ユーザビリティの他、アクセシビリティや利用による危害の回避などにも関連することに留意する。

4.3　ユーザ要求事項の記述

4.3.1　ユーザ目標とユーザタスク

　目標とタスクは、副目標とサブタスクに分解することができ、中間成果を出力する。目標は、それらを達成するために利用される手段との直接的な関係はなく、達成すべきことに焦点を当てるものである。一方タスクは、目標を達成するために行われる活動によって構成される。活動は様々に組み合わされ、同じ目標を達成するための様々な方法を提供し、ユーザビリティの様々なレベルをもたらすことができる。

　ユーザ要求事項を分析・定義するためには、事前にユーザ目標の設定やユーザタスク分析を実施する必要がある。これらは利用状況内で特定された目標とタスクに基づいて設定されるが、特定されたユーザニーズに基づいて修正することもできる。インタラクティブシステムによってサポートされるユーザ目標とタスクはユーザ要求事項を構成するために利用され、それらはユーザ要求事項仕様書の一部として記載されなければならない。ただし、必ずしも関連する全てのタスクが特定されるわけではない。

　ユーザ目標には、インタラクティブシステムの利用の全体目標と副目標が含まれる。ユーザタスクは、組織内の部門内と部門間で情報と資源がどのように交換されるかを記述したものであるが、組織上の手順（例えば、業務フロー）とは異なる。組織的手順は、ユーザが行うタスクの上位概念である。

　ユーザ目標とタスクを構造化するには様々なアプローチがあるが、ユーザ要求事項仕様書の読者が理解できるよう、一貫した方法で構造化するこ

とが大切である。

　ここで、第2章と第3章で取り上げた EC サイトを例に、ユーザ目標、ユーザタスクの記述例を示す。自社の在庫商品と他社の商品を扱う EC サイトであり、主に購入者とサイト運用管理者のユーザグループを想定している。

　まず、ユーザ目標とタスク分析に先立って、利用状況を設定する。ここでは、ユーザグループの中で商品の購入者に絞って検討する。主なユーザ目標は、彼あるいは彼女は、セレクトショップからお酒（商品）を購入することであるが、そのためにいくつかの下位の目標が存在している。その中の「繰り返し商品を購入するために、会員登録してユーザカウントを作成する」というユーザ目標を達成するためには、次のタスクを実行する必要がある。

1. 会員登録ページにアクセスする
2. 会員規約を確認する
3. 登録する情報を確認する
4. 入力方法を確認する
5. 用意した情報を入力する
6. 海外からの発送情報を入力する（必要な場合）
7. 登録情報を送信する

　これらのタスクを記述する粒度は、インタラクションの設計対象に応じて判断する。サイト全体のナビゲーションを設計する場合であれば、粒度の抽象度合いは上がる。一方、特定のサイト画面の設計であれば、粒度を下げて詳細に記述することが求められるが、単純操作のレベルまで詳細化する必要はない。例えば「ボタンを押す」「画面に触れる」というレベルの細かな操作は、ユーザ要求事項分析ではあまり必要としない。

　後のユーザ要求事項の分析に適用するために各タスクにコード（識別子）を設定し、ユーザ目標およびタスクの分析結果を表4.1のようにまとめる。

表4.1　ECサイトの会員登録の例

ユーザ目標：繰り返し購入できるように会員登録をする	
コード	タスク
T01	会員登録ページにアクセスする
T02	会員規約を確認する
T03	登録する情報を確認する
T04	入力方法を確認する
T05	用意した情報を入力する
T06	海外からの発送情報を入力する（必要な場合）
T07	登録情報を送信する

4.3.2　ユーザ要求事項の構成

(1) 利用の視点

　ユーザ要求事項は、システムではなく利用の視点から説明・評価されなければならない。これによりユーザが行わなければならないことが示され、ユーザは意図した方法でシステムを体験することになる。

　また、意図する利用の成果は、インタラクション中に、あるいはインタラクションが終了した時点で達成する。例えば自動車の運転であれば、意図した目的地に到着した時点で成果を達成したことになるが、運転者が車を運転して楽しんでいる間にも成果は達成されている。

(2) ユーザ要求事項ごとに提供する情報

①識別するためのコード（識別子）

　それぞれのユーザ要求事項には、それらを一意に特定し、他の要求事項と区別するためにコードを設定する必要がある。コードは、ユーザ目標とタスク構造において、個々のタスクの参照またはタスクの位置を示すものである。

　コードには、ユーザ目標とタスクの構造あるいは意図した利用状況が反映されることが望ましい。例えば、ユーザ目標のコードが07、タスクのコードが01、それをサポートするユーザ要求事項のコードが03であったとしたら、ユーザ要求事項にUR07.01.03というコードを設定することが

できる。

②ユーザ要求事項の基礎となる情報

　ユーザ要求事項を導く場合、ユーザニーズが特定されている場合は、それに関連する利用状況に関する情報を明示するか、参照できることが望ましい。表4.2は、特定されたユーザニーズとそれに関連する利用状況に基づいて、ユーザ要求事項が生成される流れを示すものである。ユーザ要求事項につながる他の情報源（例えば、試験結果、設計指針、人間工学データ、顧客の苦情）が特定された場合、この情報を記述または参照することが望ましい。

③その他追加情報

・バージョン履歴：ユーザ要求事項仕様書内に記載された後にユーザ要求事項が修正された場合、要求事項のバージョン履歴は、変更の根拠を含めて修正されたユーザ要求事項ごとに提供されなければならない。

・ユーザへの重要度：場合によっては、ユーザ要求事項ごとに提供されることが望ましい。

・ステータス：場合によっては、ユーザ要求事項ごとに要求事項の状態を示すことが望ましい。例えば次のものがある。

　a) 新しく導かれた（まだ優先順位付けされていない）

　b)（ユーザ要求事項の以前のバージョンから）変更された

　c) 許可/拒否/延期された

　d) 受容基準として用いられる

　e) 実装済/未実装

・関連する要求事項の参照：該当する場合、関連する依存と/または矛盾を確認するために、他の要求事項を参照できることが望ましい。

表4.2　関連する利用状況と特定されたユーザニーズによって生成される
ユーザ要求事項の例

インタラクティブシステム	参照となる利用状況	特定されたユーザニーズ	生成されるユーザ要求事項
セレクトショップ型 EC サイト	・加盟ブランドの商品を EC で陳列でき、購入者が加盟ブランドの商品を購入する窓口として、発注（購入）手続きや決済処理、配送指定などを行える。 ・自社ブランドの商品もこの EC より購入ができる。 ・上記 2 つを同列として陳列でき、同様の方法で決済処理やポイントの付与が行える。	・購入者が購入を検討している商品の情報を知ることができるようにする必要がある。 ・購入者はオプションを選択可能な商品について、オプション追加時の仕上がりイメージや、必要となる追加金額、予定納期等、オプションの詳細情報も同じページで確認し、選択できる必要がある。 ・購入者は自社ブランドの商品と加盟ブランドの商品で購入方法が異なる場合、カートに入れる前に違いを確認できる必要がある。 ・購入者は毎回会員情報を入力することなく、商品の購入を繰り返して行える必要がある。 ・購入者は、海外の加盟ブランドの商品も購入できる必要がある。	・購入者は検討事項として挙がりやすい商品情報の詳細を確認することができる。 ・購入者はオプション情報や商品ごとに異なる手数料情報を商品情報の詳細が確認できるページで同時に確認することができる。 ・購入者はオプション情報や商品ごとに異なる手数料情報、オプション選択時の検討情報を、「カートに入れる」ボタンより手前の導線上で確認することができる。 ・購入者はオプション情報より任意の選択肢を選択、設定し、商品確保のために「カートに入れる」ボタンを押すことができる。 ・購入者は加盟ブランドの購入規約を商品情報の詳細が確認できるページでも確認することができる。 ・購入者は会員登録するページの入力必須項目を理解できる。 ・購入者は海外の加盟ブランドの商品を購入するための英語の会員情報の入力を理解できる。 ・購入者は会員情報で登録した住所も以外も届け先として登録することができる。 ・購入者は会員登録を中断することができる。 ・購入者が会員登録を中断しても、中断したところから再開することができる。 ・購入者が会員登録を中断しても、カートの商品をそのまま残すことができる。

(3) ユーザ要求事項を表現する情報構造

　ユーザ要求事項は、システムの構成要素ではなくユーザ目標（意図された利用の成果）とインタラクティブシステムによってサポートされるタスクによって構成されなければならない。表4.3のユーザ要求事項の構成例は、タスク階層に基づいてユーザ要求事項を導いていることを示している。

表4.3　ユーザ要求事項の構成例

ユーザ目標：繰り返し購入できるように会員登録をする	
コード	ユーザ要求事項
（全タスク）T_all 総合的な要求	
R0a01	購入者が登録を中断しても、そこから登録を続けることができなければならない。
‥	‥‥‥
（タスク）T03 登録する情報を確認する。	
R03.01	購入者は、求められる情報が何であるかを理解できなければならない。
‥	‥‥‥
（タスク）T04 登録情報を入力する。	
R04.01	購入者は、入力項目に対して何を入力すべきか認識できなければならない。
‥	‥‥‥
（タスク）T06 登録情報を送信する。	
R04.01	購入者は、データ送信方法を認識できなければならない。
‥	‥‥‥

4.3.3　ユーザシステムインタラクション要求事項の記述

　ユーザシステムインタラクション要求事項は、タスクを完了するときに達成されるべき特定の成果を示す。ユーザシステムインタラクション要求事項は、以下の要素を含む必要がある。

①ユーザ要求事項が適用されるユーザグループ
②ユーザ要求事項が適用されるユーザ目標またはタスク
③ユーザ要求事項が適用される際の制約条件
④ユーザが実行できる利用の成果

　利用の成果には、以下のような例がある。また、ユーザ要求事項の文の

109

中で意図した成果を記述するのに適した用語は、状況に応じて置き換えることができる。

① インタラクティブシステム内の特定の情報（例えば列車の出発時間）を認識することができる。この「認識」は必要な情報を表現し、他の手段（例えば振動）による、「見る」「読む」「聞く」「検索する」または「知覚する」などに置き換えることができる。

② 物理的対象（例えば硬貨）あるいは情報（例えばユーザの年齢）を入力することができる。この「入力」は、ユーザが入力できる必要な情報やリソースを表現し、「提出」「配置」などに置き換えることができる。ハードウェアの場合では「揃える」を含めることができる。

③ 物理的対象または情報（例えば目標地）を選択することができる。この「選択」は必要な選択を表現し、「特定の情報にアクセスできる他の個人または組織を特定する」「利用可能なフライトを予約する」「文字の受信を確認する」「レンタカーのピックアップ時間を変更する」などの表現に置き換えることができる。

④ 物理的対象（例えば印刷された切符）の出力またはインタラクティブシステムからの情報（例えば電子メールによる領収書）を受け取る（持ち帰る）ことができる。この「受け取る」は、ユーザが受け取らなければならないシステムの出力を表現し、「共有する」「取り出す」「印刷する」「出力する」などに置き換えることができる。

これらの要素を以下の構文を利用して、ユーザシステムインタラクション要求事項を作成する。

> 【コード】：○○○（インタラクティブシステム）を使って、○○○（ユーザあるいはユーザグループ）は○○○（制約条件）の条件の下で、○○○（利用の成果）しなければならない。

コードからは、目標またはタスクを特定できるようにする必要がある。

要求事項内の要素の順序はそれが提示される言語の文法構造に依存してよいので、制約条件の位置は状況に応じて設定する。

ユーザ要求事項の記述は、主語が人間となることを意識する。例えば緊急時に患者を安定させるタスクのためのユーザ要求事項を考えると、「システムは患者の心拍数を表示する」ではなく、「モニターを用いて、救急室の医師は、患者の心拍数が上昇しているか、安定しているか、または緊急時に減少しているかを認識することができる」と表現する。

ここで、ECサイトを例に上記の構文を説明する。

U_IR03.01：購入者は、求められる情報が何であるかを理解できなければならない。

U_IR03.01はコードである。この記号は任意で決めることができるが、前述のようにユーザ目標やタスクを反映することが望ましい。この例でU_IRという記号を使ったのは、次に説明する利用関連品質要求事項とユーザ要求事項を区別するためである。

続いて、人間の主語と制約条件を明示している。制約条件は、利用状況の任意の構成要素（例えば特定の場所、処理の順序、利用状況の他の構成要素の依存関係）などであり、ここでは、「ECサイトから」求められる情報を認識できることを示している。そして、ユーザが実行できる成果は、表4.2では「確認することができる」と記述している。

4.3.4 利用関連品質要求事項の記述

利用関連品質要求事項は、特定の成果を達成する場合や特定のタスクを実行するときに、システムの全体の利用状況やある側面について要求されることを明示したもので、次の要素を含める。

①2つ以上のユーザグループがある場合、ユーザ要求事項が適用されるユーザグループ
②ユーザ要求事項が適用されるユーザ目標またはタスク

③ユーザビリティ（または他の利用の成果）の構成要素の観点から見た、以下のような利用の成果

　1）効果（例えば、アラームを正しく設定する）

　2）効率（例えば、アラームを設定するのにかかる時間）

　3）満足（例えば、ユーザは、意図したように安心して目覚められると感じる）

④成果に関連する基準（例えば、ユーザの95％が5秒以内にアラームを設定することができる）

⑤（場合によって）利用関連品質要求事項が適用される制約条件（関連する利用状況の他の側面を含む）

　利用関連品質要求事項の記述は、ユーザシステムインタラクション要求事項の中に含めるのではなく個別に記載されることが望ましい。以下が、利用関連品質要求事項の基本的な構文である。

　【コード】：○○○（インタラクティブシステム）を使って、○○○（ユーザあるいはユーザグループ）は○○○（制約条件）の条件の下で、○○○（利用の成果）を○○○の基準に基づいて達成できなければならない。

　前述のユーザシステムインタラクション要求事項と同様に、効果または効率を表現する利用関連品質要求事項の記述では、意図した成果を得るために「〜することができなければならない」という表現を用いる。また、満足を表現する記述では、「満たすことができる」という表現は意図した成果を先導する用語に置き換え、例えば「思うことができる」や「希望することができる」などを文脈に応じて選ぶことができる。コードは、前の要求事項と同様に、目標やタスクを特定できるようにする。

　利用関連品質要求事項の構文では、ユーザビリティやアクセシビリティなどのように、利用時品質に関連する特性に対する基準値で表現する。そのため、要求事項を適切に特定するためには、利用時品質の基本的な理解

が前提となる（利用時品質の詳細は、ISO/IEC 25019 を参照のこと）。EC
サイトの例で、利用関連品質要求事項の構文を説明する。

U_QR03.02：購入者は、求められる情報を 10 分以内に用意できなけれ
ばならない。

　コードの U_QR は、ユーザ要求事項の中で利用関連品質要求事項を指し
ている。03.02 は、ユーザシステムインタラクション要求事項と同じく、対
応するタスクを示している。03.02 はタスク 03（（EC サイトに会員）登録
する情報を確認する）の要求事項の 2 番目であることを意味する。

　利用関連品質要求事項はユーザシステムインタラクション要求事項とほ
とんど同じ構文であるが、要求事項のふるまいを基準値で示すことに特徴
がある。この事例では、ユーザビリティの特性の効率の観点から、「求めら
れる情報を用意する」ことを達成するのに要する資源を「10 分以内」とい
う基準値で設定している。もし効果の観点から要求事項を特定するのであ
れば、さらに「90％の購入者」という基準値を設定すればよい。この基準
値の数値は、従来のシステムを基準に設定するか、初めてのシステムの場
合は、実際のユーザビリティテストに基づいて設定する。

4.4　ユーザ要求事項仕様書の内容

　インタラクティブシステムのユーザインタフェースとインタラクション
するためのユーザ要求事項仕様書は、以下に指定される内容を含まなけれ
ばならない。

①ユーザ要求事項を仕様化するインタラクティブシステム
②設計に関する制約条件
③インタラクティブシステムの利用状況（の文書）
④ユーザ目標とタスク

⑤ユーザ要求事項

　1) ユーザシステムインタラクション要求事項

　2) 利用関連品質要求事項

⑥適用するユーザインタフェース設計指針（特定されている場合）

この内容の順序は、データを提供する論理的な順序に基づいている。ただし、特定の読者層に要素を伝えるために選択される順序は、この規格に示されているものとは異なる場合がある。

4.4.1　ユーザ要求事項を仕様化するインタラクティブシステム

　インタラクティブシステムは、ユーザとシステムとがインタラクションすることでユーザの目標を達成するためのシステムである。インタラクティブシステム（該当する場合はバージョンを含む）は、ユーザ要求事項仕様書の一部として特定されなければならない。このとき、他のインタラクティブシステムと区別するために十分な精度を有することが大切である。また、「スマートフォン」「電子レンジ」「顧客リレーションシップ管理者システム」など、検討中のインタラクティブシステムの具体名を記載することが望ましい。

　また、インタラクティブシステムの先行バージョンまたは既存バージョンが存在する場合も、ユーザ要求事項仕様書で特定することが望ましい。このとき、利用可能な以前のユーザ要求事項の仕様書を特定し、参照することが望ましい。

4.4.2　設計に関する制約条件

　開発されるインタラクティブシステムの設計の自由度および設計解の実装を制限する要因、すなわち制約条件は、ユーザ要求事項仕様書の一部として記載されなければならない。

　制約条件は、システム要求事項、設計、実装、またはシステムを開発または修正するために利用される、プロセスの外部から課される制限で、以下を含む。

①技術的制約条件：例「開発プラットフォームは固定」と「タッチインタフェースは許容しない」

②予算制約条件：例「予算は現地通貨で250,000を超えてはならない」

③時間制約条件：例「システムは、プロジェクトが開始されてから6か月以内に利用できなければならない」

④法的制約条件：例「インタラクティブシステムは医療機器として登録される必要がある」

⑤環境制約条件：例「(1)極度の気象条件での利用」または「(2)滅菌環境での利用」

⑥社会的と組織的価値観と規範：例「組織は、『従業員による作業裁量を最大化することを奨励する』」

4.4.3　ユーザ要求事項が適用される利用状況

　ユーザビリティを達成するためにインタラクティブシステムが必要とされる利用状況を定義し、ユーザ要求事項の適用範囲を明確にする。利用状況には以下が含まれる。なお、利用状況についての詳細な情報については、ISO 9241-11、ISO/IEC 25063を参照するとよい。

①意図したユーザの母集団とユーザグループ、そしてそれぞれのユーザ特性

②ユーザ目標と副目標（達成されるべき意図された客観的と主観的成果）

③タスク（目標を達成するために行われる活動）

④利用に必要な資源

　1)再利用可能な資源（機器、情報とサポートサービスなど）

　2)利用可能な時間、人的労力、財務資源、資材などの消耗品となる資源。

⑤インタラクティブシステムの利用が想定される環境

　1)想定された技術環境（什器、操作機器、エネルギー、通信の利用などの課題を含む）

　2)想定された物理環境（空間、温熱、聴覚的と視覚的制約条件、地理的特徴、気象条件と時間を含む）

　3)社会的、文化的と組織的環境（他の人々、組織構成、言語、働き方、

単独での利用、またはグループの一部としての利用、とプライバシーを含む）。

4.4.4　ユーザ目標とタスクとユーザ要求事項

ユーザ目標とタスクとユーザ要求事項については、4.3節で詳細を解説したので、それらを参照して記述する。

4.4.5　ユーザインタフェース設計指針

ユーザ要求事項仕様書とともに適用する必要がある場合は、ユーザインタフェース設計指針の情報源を記載しなければならない。ユーザインタフェース設計指針を含む文書には、国際規格（例えばISO 9241 シリーズ）、情報通信業によるスタイルガイド、産業分野特有の標準と規制がある。

4.5　ユーザ要求事項仕様書の妥当性の確認

ISO 25065は仕様書の評価については触れていないが、実際は、ユーザ要求事項仕様書が完成された後、仕様書の妥当性を評価する必要がある。システム要求事項仕様書と同じく、無曖昧性、完全性、検証可能性などの特性を評価しなければならない。表4.4に、一般的な要求事項仕様書において評価すべき特性を示す。

表4.4 要求事項仕様書において評価すべき特性

特性	内容
必要性 necessary	必要不可欠な本質的な能力、特性、制約と / または品質要因を特定する。
実装独立性 implementation free	方式設計に不要な制約を与えず、システムにとって何が必要かつ十分かを示す。
適切性 appropriate	要求事項の詳細さを実体のレベルに応じた適切にする。
無曖昧性 unambiguous	一通りに解釈されるように単純かつ理解しやすいようにする。
一貫性 consistent	他の要求事項と競合しない。
完全性 complete	全ての必要な要求事項が含まれている。
単独性 singular	要求事項を表す文には1つの要求事項だけを含む。
実現可能性 feasible	受け入れ可能なリスク内で、要求事項が技術的に実現可能である。
追跡可能性 traceable	ステークホルダニーズを表す特定の文書や他の資料を上流プロセスへ追跡可能である。
検証可能性 verifiable	システムが特定の要求事項を満たすことを証明できる。
正当性 correct	ソフトウェアが持つべき全ての要求が含まれており、それ以外の要素は含まれていない。
適合性 conforming	要求事項とその様式が標準に適合している。
順位付け ranked for importance and/or stability	要求が重要性や安定性に関して順位付けられている。
修正容易性 modifable	容易かつ完全に一貫性を保って要求の変更を行うことができる。

4.6　ユーザ要求事項の記述例

　以上、2つのユーザ要求事項である、ユーザシステムインタラクション要求事項と利用関連品質要求事項について説明してきた。以下にECサイトにおける会員登録タスクを基にしたユーザ要求事項の全体の記述例を示す。

ユーザ目標：繰り返し購入できるように会員登録をする	
コード	要求事項
タスク：T01 会員登録ページにアクセスする	
U_IR01.1	購入者は、アカウント情報を登録して繰り返し購入できることを認識できなければいけない
タスク：T02 会員規約を確認する	
U_IR02.1	購入者は、会員規約のページへのリンクがあることを認識できなければならない
U_IR02.2	購入者は、会員規約の内容を最後まで確認しなければ会員登録ができないことを知ることができなければならない
U_IR02.3	購入者は、会員規約の内容を最後まで確認できなければならない
タスク：T03 登録する情報を確認する	
U_IR03.1	購入者は、求められる情報が何であるかを理解できなければならない
U_IR03.2	購入者は、求められる情報を用意できなければならない
U_QR03.2	購入者は、求められる情報を 10 分以内に用意できなければならない
タスク：T04 登録情報を入力する	
U_IR04.1	購入者は、入力項目に対して何を入力すべきか認識できなければならない
U_IR04.2	購入者は、入力項目に対してどのような様式で入力すべきか認識できなければならない
U_QIR04.1	90% 以上の購入者は、全ての入力項目を誤りなく入力することができなければならない
タスク：T05 海外からの発送情報を入力する（必要な場合）	
U_IR05.1	購入者は、入力しなければならない情報（英文）を理解できなければならない
U_IR05.2	購入者は、求められる情報（英文）を用意できなければならない
U_QR05.2	購入者は、求められる情報（英文）を 10 分以内に用意できなければならない
U_IR05.3	購入者は、入力項目に対して何を（英文）入力すべきか認識できなければならない
U_IR05.4	購入者は、入力項目に対してどのような様式（英文）で入力すべきか認識できなければならない
U_QIR05.1	90% 以上の購入者は、全ての入力項目（英文）を誤りなく入力することができなければならない
タスク：T06 登録情報を送信する	
U_IR06.1	購入者は、データ送信方法を認識できなければならない
U_QR06.1	90% の購入者は、データ送信方法を認識できなければならない
U_IR06.2	購入者は、データ送信が正しくできたことを認識できなければならない
U_IR06.3	購入者は、データ送信ができなかった場合、その原因を認識できなければならない
U_IR06.4	購入者は、データ送信ができた証明を得られなければならない
U_IR06.5	購入者は、会員登録情報の送信を完了できなければならない
U_QR06.5	95%購入者は、会員登録情報の送信を完了できなければならない
タスク：全タスク（総合的な要求）	
U_IR0a.1	購入者は、登録を中断してもそこから登録を続けることができなければならない
U_QR0a.2	80% 以上の購入者は、アカウント情報を登録して繰り返し購入することを望まなければならない
U_QR0a.3	90% 以上の購入者は、アカウント情報を安心して登録できなければいけない
U_QR0a.4	アカウント登録を望んだ購入者の 90% 以上は、問題なく登録できなければならない

第5章

ユーザビリティ評価報告書

5.1　ISO/IEC 25062およびISO/IEC 25066の概要

　CIFには、ISO/IEC 25062とISO/IEC 25066の2種類、ユーザビリティ評価に関する書式がある。前者は製品がISO 9241-11で規定されているユーザビリティ目標にどの程度適合しているのかを評価するための使用性試験（ユーザビリティテスト）であり、総括的試験(summative test)と呼ばれる。後者はユーザビリティに関する特定の要求事項が満たされているかを評価（適合性の評価）するための書式であり、形成的評価(formative evaluation)と呼ばれる。詳細は5.4節で説明する。

　2022年6月時点では、CIFとしての評価報告書の書式はこれらの2種類が用意されていたが、規格の利用者からの「混乱を招く」「使いづらい」という意見を受け、2022年10月のISO TC159 SC4総会および12月のISO/IEC JTC1 SC7総会において、これらはISO 25062に統合されることが決定した。2024年3月時点では統合された規格はまだ発行されていないが、本書では、これらを統合した形を「ユーザビリティ評価報告書」として解説する。

5.2　ユーザビリティ評価報告書とは

　第1章で述べたように、人間中心設計における評価の活動は

・開発プロジェクトの最も早い段階で、ユーザニーズを反映した設計コンセプトを評価すること
・開発段階で段階的に設計される設計案を、繰り返し評価すること
・システムがステークホルダ要求事項を満たしていることを確認すること

である。その結果、検査、観察、調査といった様々なタイプの評価報告書が生成されることになる。

　一方、一般に広く要求事項と適合しているかどうかを確認する評価として「適合性評価」があり、これも CIF と同様に国際的に規定されている [8]。適合性評価とは、製品、プロセス、システム、要員または機関に関する規定要求事項が満たされていることの実証であり、対象となる分野には、この適合性評価に関する規格において定義されている活動、例えば、試験、検査および認証、並びに適合性評価機関の認定が含まれる。

　上記のことを踏まえたユーザビリティ評価報告書は、評価の趣旨に応じて以下のカテゴリに分類される。

①ユーザビリティ問題や、評価対象のユーザビリティを改善するために引き出されたユーザ要求事項や推奨事項を報告するもの。

②製品全体のユーザビリティのベースラインを報告するもの。

③1組の製品（2つ以上の製品）にわたるユーザビリティの差を報告するもの。

④ユーザ要求事項（適合性試験報告書）で適合を報告するもの。

5.3　ユーザビリティ評価報告書の目的

　ユーザビリティ評価報告書の目的は以下である。

・評価対象のユーザビリティを評価し、問題点を指摘し、改善する。

・製品全体のユーザビリティの基準値（将来の評価結果を比較するための基準として使用されるデータ）を定義するとともに、個々のユーザビリティ問題が指摘された箇所を定義する。

・同一の利用状況下において、複数の製品を比較する。

・製品が所定のユーザ要求事項を満たしていることを確認し、満たしていない事項を指摘する。

・既存製品の再設計または置換に関する決定のために、ユーザビリティの観点からの根拠を得る。

・開発プロセス内の失敗およびユーザビリティ関連の欠陥を特定する。

　ユーザビリティ評価を通じてユーザ要求事項に対する設計の評価を行うためには、次のような目的で、ユーザの視点からの評価を得る必要がある。

a) ユーザニーズに関する新たな情報を収集するため。
b) （設計を改善するために）ユーザの視点からの設計解の特長および欠点に関するフィードバックを得るため。
c) ユーザ要求事項が達成されたかどうかを評価するため（海外および国内、地方自治体、企業または法令によって規定された規格への適合性評価を含む）。
d) 最低基準を規定する、あるいは設計解を比較するため。

　一方で、ユーザによる評価（ユーザ参加型テスト）が現実的でない場合には、他の方法（例えば、タスクモデリングおよびシミュレーション）も用いて、設計解を評価する。これらの手法においても、ユーザとシステムとの関わりを評価することを趣旨とする。

5.4　ユーザビリティ評価の実施

5.4.1　ユーザビリティ評価の種類

　CIFには、ソフトウェアのための意思調達・決定プロセスの一部としてのユーザビリティの組み込みを容易にするための評価報告書と、幅広いユーザビリティを評価するためのユーザビリティ評価報告書という2つの顔がある。いずれも、製品がユーザビリティ目標を満たすかどうかの判断を支援することが目的である。

　5.1節でも述べた通り、前者のユーザビリティ評価は総括的試験 (summative test) と呼ばれ、製品の使用性の目的にどの程度適合しているかを見るための使用性試験であり、3つの観点（効果、効率および満足）を測定

することで総合的に評価する。後者は、形成的評価 (formative evaluation) と呼ばれ、特定の要求事項が満たされていることを評価するものである。

ユーザビリティに関する適合性評価には、以下のようなものがある。

a) インスペクション (inspection)：評価対象を用いて１つまたは複数のタスクを完了しようとするときの潜在的ユーザビリティ課題を、専門家による検査によって抽出する。ユーザ要求事項、原則、設計指針または定められた規約のような明示された基準からの評価対象の偏りも検査の対象である。

b) ユーザ観察 (observation)：実際のユーザビリティ所見を特定するために、ユーザのパフォーマンスおよび反応（例えば、タスクを行うためにとられる時間、多数のユースエラー、皮膚抵抗値、または眼の瞳孔拡張）を測定する。明示的なユーザビリティ試験として、「実際の生活環境」で実施することができる。これらは、有効、効率、満足、の観点から評価される。

c) ユーザ調査 (survey)：ユーザ（定性的ユーザ調査）から課題、意見と印象を引き出し、満足または知覚のレベルを測定する。例えば、満足または主観的知覚効果または効率（定量的ユーザ調査）のための評価尺度値。または他のユーザ報告データ（例えば、観察データとともに個々から収集されたデータ）。

「b) ユーザ観察」における評価のための３つの観点は、以下のように定量表現することができる。

・有効性：製品を利用する目的を達成する際の完全さおよび正確さで表現できる。一般的な有効性の測定量には、タスク達成率（完全さの評価）、エラー率（正確さの評価）、タスク達成のための補助（試験実施者からの支援の頻度、および試験中の試験参加者がヘルプまたは操作説明書を利用する頻度）がある。

・効率性：一般的にタスクを達成するのに要した平均時間によって評価されるが、他のリソースに関連する場合もある（利用の総コスト、達成率/

平均タスク時間、資源の使用量など)。

・満足性：ユーザが製品を利用したときのユーザの主観的な反応（身体的、
　認知的、感情的）によって評価される。製品を利用するための動機と重
　要な相関があり、ある場合では製品利用の作業成績（達成度）に影響を
　与える。公開されている有効な満足性の測定量（アンケート等の調査項
　目）か、独自に開発した満足度の測定法を用いて評価する。

表5.1 に、適合性評価に使用される適合基準と、対応するユーザビリティ
評価報告書のタイプを示す。

表5.1　適合性評価に使用される適合基準
および対応するユーザビリティ評価報告書のタイプ

ユーザビリティ評価報告書のタイプ	適合基準
インスペクション評価報告書	・明示されたユーザ要求事項（例えば、「ユーザは、期間まではフライトを入れ替えることができるようにしなければならない。」または「ユーザは、タスクを実行するために、入力または出力の代替モードを選択することができるようにしなければならない。」） ・明示された原則（例えば、「エラーの許容」）およびガイドライン（例えば、「必要な入力フィールドは、任意の入力フィールドと視覚的に区別されなければならない。」） ・明示された設計規則（例えば、「編集ボタンは必ずフォームの右上隅にある。」）
ユーザ観察報告書	・明示されたユーザ要求事項（例えば、「ユーザは、1 人以上の患者が直ちに注意を必要としていることを検出することができなければならない。」） ・パフォーマンスのための明示されたユーザ要求事項（例えば、「ユーザは 60 秒以内に発注を完了できるようにしなければならない。」） ・主観的に知覚される効果、効率、満足およびユーザによって知覚される他の尺度についての明示されたスコア（例えば、「1（最小）〜 5（最大）の範囲のスケールで 3.5」）
ユーザ調査報告書	報告された経験に関する明示された属性（例えば、「報告されたユーザビリティ課題のいずれかが許容できないと判断された場合、評価対象は適合性評価が不合格となる。」）

5.4.2 ユーザビリティ評価事例

　次にいくつかのユーザビリティ評価事例を紹介する。いずれも有効・効率・満足というユーザビリティの3つの観点のいずれかもしくは複数に対する評価であり、明示されてはいないが、CIFの評価報告書のいずれかに相当する。

評価事例1：クリーナーグリップ評価：負担評価実験 [9]
　ある家電メーカーのキャニスタークリーナーにおいて、従来のグリップとグリップ部分に改良が施されたグリップ2種類を取り上げ、3種類のグリップを評価対象として、掃除行動における負担評価を実験的に行った。また、加齢の影響を検討するため、高齢者、中高年者、若年者の3群に対して実施した。

a)対象グリップ：図5.1のような従来品のグリップ1種類と改良品の第1、
　2グリップ2種類の計3種類のグリップを用いた。

従来品のグリップ

改良品の第1グリップ

改良品の第2グリップ

図5.1　評価対象とした掃除機のグリップ

b) 測定指標：グリップを把持したときの負担を測定するため、指尖圧（finger pressure：示指、中指）を測定する（パフォーマンス）。

c) 主観評価：使い心地と疲れに関する評価を、各課題実施後に行った（ユーザ調査、行動観察）。

評価事例2：ディスプレイ上の画面配色が作業者に及ぼす影響 [29]

　ディスプレイに表示される画面の背景色の配色に着目し、配色の違いがメンタルワークロード(MWL)に影響を及ぼすこと、中心視と周辺視の配色の違いは生理心理反応に表れ、MWLに影響を及ぼすことを調べた。

　配色パターンによるMWLを調べるために、認知負荷の低い30分の画面注視作業を実施し、その際の生体情報変動および主観評価結果を分析した。生体情報としては、心電図、瞳孔径、皮膚電位活動を測定し、それぞれ、作業中の心電図の低周波成分と高周波成分の比(LF/HF)、安静時から作業中の瞳孔径変化および皮膚電位変化を分析した（パフォーマンス）。また、主観評価では、質問紙による Visual Analogue Scale(VAS) 評価および7段階の感性評価を実施し、感性評価については因子分析を行った（ユーザ調査）。

　これら2つの事例のCIFの報告書における関係性を、表5.2に示す。人間中心設計活動の中では必ず設計解に対する評価が行われるが、それらはCIFのユーザビリティ評価報告書のいずれかのタイプに相当することが分かる。

表5.2　各種評価とCIFにおけるユーザビリティ評価の関係

| | インスペクション評価 | ユーザ観察 | | ユーザ調査 |
		ユーザ行動の観察	ユーザパフォーマンスおよび反応の測定	
評価事例1：クリーナーグリップ評価		○	◎	○
評価事例2：ディスプレイ上の画面配色が作業者に及ぼす影響			◎	○

◎ すべての項目を評価　　○ 一部を評価

5.5 ユーザビリティ評価報告書の内容

ユーザビリティ評価報告書は、以下の内容で構成される。

・エグゼクティブサマリー
・評価の対象の記述
・評価の目的
・方法
・手順
・結果
・結果の解釈および推奨事項(任意)

以下、各項目の概要を説明する

5.5.1 エグゼクティブサマリー

この項では、評価の概要を簡潔に説明する。報告書の技術的な内容を読まない可能性のある読者に情報を提供することが目的である。

5.5.2 評価対象の記述

この項では、実際に評価された対象を記述する。そのためには、利用状況を記述する必要があり、利用状況の記述に関するより詳細な指針は、ISO/IEC 25063に記載されている。ただし、利用状況の4つの構成要素(ユーザ、タスク、想定された環境および資源(人的を含む))のそれぞれは、全ての形式試験の評価に必ずしも適用可能であるとは限らない(例えば、タスクは、インスペクション評価に必ずしも使用されるわけではない)。

5.5.3 評価の目的

この項では、評価が実施された理由、適用範囲のどの部分が評価されたか、およびその理由を記述する。以下に例を挙げる。

・設計プロセスに評価結果を提供することによる、設計の改善
・ユーザビリティ欠陥およびユーザビリティ課題の特定
・ユーザ要求事項の確認・顕在化
・仮定の確認
・試験のコンセプト
・ユーザビリティのレベル（すなわち、効果、効率、ユーザ満足）の測定
・ベンチマークの設定
・製品、システムまたはサービスが明示された適合基準/判定基準を満たしているかどうかの確認
・製品、システムまたはサービスの強みおよび弱みの特定
・ユーザビリティの低さに起因する可能性のある結果の特定
・ユーザおよび/またはステークホルダ間の紛争の解決
・製品、システムまたはサービスがアクセシビリティ対応しているかどうかの特定
・認証取得など
・内部品質基準のクリア

5.5.4　評価の方法

　この項では、評価がどのように実施されたかについて記述する。方法の適切性と結果の妥当性を評価するのに十分な情報を提供することが目的で、使用した評価の種類と、評価の手順を再現するために十分な情報（評価の種類ごとの要求事項を明示する）を記述する。

(1) 評価者/参加者

　この項では、ユーザビリティ評価に参加している人々に関する情報について説明する。評価者はインスペクション評価を実行する人々であり、検査を実行する人々を含む。参加者は、その行動および/またはタスクパフォーマンスが監視される観察研究に参加する、評価対象の実際または潜在的ユーザである人々である。なお、調査データを提供する人々も参加者に含まれる。
　評価者および参加者に関する情報によって、報告書の読者は、提示され

た情報が自分自身の状況に適用可能であるかどうかを判断できる。記述内容は以下の通りである。

a) 評価者/参加者総数
b) 試験参加者または評価者/検査員の区分（複数の区分の場合）
　　例：
　　・領域専門知識を有する評価者/検査員
　　・ユーザビリティ専門知識を有する評価者/検査員
　　・ユーザを代表する評価者/検査員
　　・試験参加者の区分（複数の場合）
　　・頻度が低いユーザ対習慣的ユーザ
c) 評価参加者またはインスペクション評価のために考慮されたユーザの主要な特性
　　例：
　　・デモグラフィック
　　・タスク関連特性（訓練、技能レベルおよび確立された行動）
　　・身体的および感覚的特性（身体の寸法、強度、視力および聴覚）
　　・心理的および社会的特性（年齢、習慣、言語および文化）
　　・社会的および組織の特性（職務または職種、変化への抵抗、文化のリスク）
d) 標本とユーザグループとの差（該当する場合）
e) 特性別参加者数

(2) 評価で使用するタスク

　この項では、評価に使用されるタスクについて記述する。通常、ユーザ行動の観察、ユーザパフォーマンスの測定、調査データの収集に際し、タスクが明示される。タスクベースでインスペクション評価を行う場合は、ユーザビリティ評価報告書にタスクが明示されているか否かを明確にしなければならない。記述内容は以下の通りである。

a) タスクごとのタスクシナリオ

b) タスクの選定基準：なぜ選択されたタスクが評価にとって重要であるとみなされたか

　例：選択したユーザグループごとに最も頻度が高いタスク

c) 選択されたタスクの出所：タスクが何に基づいているか

　例：類似の製品を使用した顧客の観察、製品マーケティング仕様、ユーザまたは設計チームとのディスカッション

d) 参加者および/または検査員に与えられたタスクデータ（該当する場合）

e) タスクごとのタスク完了およびタスク放棄の基準

(3) 評価環境

　この項では、評価環境を記述する。記述内容は以下の通りである。

a) 物理的環境および施設：意図した利用状況と評価の状況が異なる場合はとりわけ重要である。

　例1：ユーザビリティラボ、キュービクルオフィス、会議室、ホームオフィス、ホームファミリールーム、製造現場、映像音声会議および画面共有を使用する遠隔ユーザビリティ試験など、様々な環境で使われる可能性がある場合

　例2：放射線検診室内の暗い環境（ライティング）など、利用環境が限定される場合

　例3：ユーザの位置または環境（自宅、車、事務所など、意図した利用状況が）に対して、遠隔試験として使われる場合

b) 技術的環境（該当する場合）：ソフトウェアとコンピュータ要素の両方（OSバージョン、デバイスの種類など）

c) 評価管理ツール（使用されている場合）：評価を制御するため、またはデータを記録するために使用される任意のハードウェアまたはソフトウェア（標準質問票など）

d) 評価管理者（該当する場合）：評価ファシリテーター/管理者の人数、およびそれらの役割および責任

5.5.5　評価の手順

　本項では、ユーザビリティ評価の手順について記述する。

(1) 評価の設計

　この項では、ユーザビリティ評価の各段階における条件等について詳細に記述する。記述内容は以下の通りである。

a) 実施される評価の種類および評価の実験設計、適用可能であれば特定の実験操作を含めて参加者に実験制約条件を割り当てるためのプラン（ランダム化など）

b) 評価者によって操作される変数（独立変数）（参加者の経験、訓練レベル、騒音レベルなど）

c) インスペクション評価（原則、ガイドライン、確立された慣例）または観察に使用される基準（ユーザ要求事項）

d) それぞれの一連の条件についてデータが記録された尺度（参加者のユースエラーの数など）

e) 基準または尺度を構成するもの（ユースエラーを構成するものとして「誤ったナビゲーション選択肢」など）

f) 評価に参加する個人間の許容される対話（評価中に対話する試験員・参加者の数と役割など）

g) 適用可能であれば、評価中に現れることが予想される任意の他の人

h) 評価の参加者に与えられる一般的な指示（どのような対話、どのような支援を求めるかなど）

i) 参加者または評価者に与えられたタスクとそれを完了するための時間（タスク指示の概要、タスクごとの時間制限など）

j) 以下に示すような、評価の各回の開催にあたっての一連の組織活動

　1) 試験セッションを実行し、データを記録するために従ったステップ

　2) 秘密保持合意事項、フォーム完了、ウォームアップ、事前タスク訓練、および報告の詳細

　3) 参加者への報酬またはその他の方法による補償

　4) 参加者が人間としての権利を知り、理解していることの検証

(2) 収集するデータ

　本項では、評価中に収集するデータについて説明する。記述内容は以下の通りである。

a) 事前定義された評価基準からの偏り。ここで偏りとは、基準から逸脱し、ユーザビリティ課題を引き起こすと予想される評価対象とのインタラクションの全ての属性を含むものである。

　例：「キャンセル」ボタンを持たないダイアログボックス。

b) 収集される全てのタイプの観察されたユーザ行動。評価対象とのインタラクションにおけるユーザビリティ所見を特定するために使用できる。以下に例を挙げる。

　・ユーザが、どのようにタスクを進めるかを知らない
　・ユースエラーが生じる
　・ユーザがフラストレーションを伝える
　・ユーザが有益な行動に関与する

c) 収集される効果および効率に関する全てのタイプのパフォーマンスデータ。測定に焦点を当てて得られた数値を観察データとする。

　例：

　・タスク結果（効果）の正確性および完全性（該当する場合）
　・タスク完了（完了したか否か）
　・タスクに要する時間
　・ユースエラーおよび発生頻度
　・マウスクリック、タッチイベント、またはジェスチャの回数
　・キーストロークの回数
　・ポインティングデバイス（マウスなど）を用いた画面上の移動距離
　・視線移動
　・行動データ（例えば、感情的、いらいら、注意のレベル）
　・生理的データ（例えば、皮膚抵抗値、血圧）

d) 収集されるユーザ報告された定性的データ（評価の対象との体験についてユーザによってなされた記述）の種類および収集に使用されるデータ機器。質問票は、ユーザ報告データを収集するための典型的な手段であり、定量的データを収集するためには、以下のようなオープンエンドの質問を使用する。

- 経験的な課題
- 有益な経験
- ユーザが評価対象をどのように使用するか
- 期待
- 懸念事項
- 提言

e) 収集されるユーザ報告された定量的データ（事前に定義された尺度で評価された経験値）の種類および収集に使用されるデータ機器。定量的データを収集するためには、質問票において以下のような関連する評価尺度を伴う質問を使用する。

- 満足
- 快適
- 信頼性
- 態度
- 主張
- 労力
- 知覚効果
- 知覚効率

5.5.6 結果

本項では、実施した評価の結果の報告について記述する。

(1) データ解析

この項では、結論を正当化するために、収集されたデータと、使用された統計的またはデータ分析的な処理について説明する。結果、結果の議論、

および本結果の含意または推論を提示するか否かを明確にしなければならない。記述項目と内容は以下の通りである。

a) 観察、測定または収集されたデータ分析に使用されるアプローチ：観察、測定、収集されたデータがどのように分析されたかを記述する。

b) 計画および収集データの差異（該当する場合）：収集する予定のデータと、実際に収集されたデータとの差異について記述する。

c) 分析に用いたデータの割合（該当する場合）：実際に使用された収集データの割合について記述する（欠損データをどのように扱ったかなど）

d) データスコア（使用されている場合）：収集されたデータの値と後の解析で使用される値との間のマッピングを記述する（ユースエラーをどのように分類したかなど）。

e) データの縮退：生データの要約を生成するための方法を記述する。（中心傾向のどの尺度（平均または最頻値など）を使用したかなど）。

f) 統計処理（使用されている場合）：統計的手法を含むデータを分析するために使用される統計処理記述する。

(2) 結果の表現

　この項では、データ解析に基づいて収集されたデータの表現について示す。記述項目と内容は以下の通りである。

a) （基準が使用される場合）確立された基準からの評価対象の属性の偏りに関するユーザビリティ欠陥：ユーザビリティに関する基準（原則、ガイドラインおよび確立された規約または指定されたユーザ要求事項）からの、評価対象の属性の偏りに関するユーザビリティ欠陥を要約する。

b) 特定されたユーザビリティ欠陥から生じる可能性のある潜在的ユーザビリティ課題：ユーザビリティに関する基準（原則、ガイドラインおよび確立された規約または明示されたユーザ要求事項）からの、評価対象の属性の偏りから生じる潜在的ユーザビリティ課題（および予測のための関連根拠）を要約する。

c) 観察中に確認されたユーザビリティ所見：観察中に確認されたユーザビリティ所見を要約する。

d) 測定尺度によるパフォーマンスデータ：収集された、タスクまたはタスクグループ当たりのパフォーマンス結果を特徴付ける以下に示すような尺度を記述する。

・タスク結果（効果）の正確性および完全性
・タスク完了率
・タスクのための時間
・効率
・ユースエラーおよび発生頻度
・支援の回数
・マウスクリック、タッチイベント、およびジェスチャの回数
・キーストロークの回数
・ポインティングデバイス（マウスなど）を用いた画面上の移動距離
・視線移動
・心理的データ（感情的、いらいら、注意のレベルなど）
・生理的データ（皮膚抵抗値、血圧など）

e) ユーザから報告された課題、意見および印象：ユーザによって報告された課題、意見および印象を要約する。ユーザは、観察されている間に自発的に課題、意見および印象を報告することができる。

f) ユーザ満足または知覚の測定レベル：ユーザ満足または知覚の測定レベルを要約する。

(3) 結果および推奨事項の解釈

　この項では、詳細で検討すべき課題を特定するために役立つ情報を記述する。記述項目と内容は以下の通りである。

a) 結果の解釈：結果の解釈に基づく結論を提供する。

b) 推奨事項：評価結果およびそれらの解釈に基づいて、評価対象を改良するための一連の推奨事項を提供する。

(4) 適合性評価の追加内容（使用される場合）

この項では、適合性評価に関する次の項目を提供する。

a) 適合性評価スキーム（使用される場合）：タイトル、バージョンについて記述する。
b) 適合基準：使用する適合基準について記述する。
c) 全ての適合基準が満たされているかどうかの声明：全ての適合基準が満たされているかどうかを記述する。
d) なぜ適合するかを示す証拠基準を満たさなかったか（特定された不適合）：この要素は、なぜ特定の適合基準が満たされていないかを示す所見を記述する。

5.6　調達における利用

第1章の表1.7で示したように、CIFはシステム調達において利用されることを前提に作られたものであり、具体的には、システムの発注企業が供給企業に対して、納入するシステムのユーザビリティの補償を求めるものであった。CIFの様式は、ユーザビリティだけでなく、人間中心設計の成果であるアクセシビリティ、UX、そして危害の回避にも適用することができる。

発注企業は調達の際に、ユーザビリティ評価報告書を検収時に納入するよう契約する。契約を受けた供給企業は、システム開発中あるいは開発終了後に、CIFを利用して、実施したユーザビリティ評価結果を報告書の形式に整理し、検収時に発注企業へ納入する。報告書を受け取った発注企業は、情報システム部門の担当者、あるいは、ユーザビリティの専門家がいる場合にはその専門家に報告書の内容を精査してもらい、ユーザビリティが確保されているかを確認する。図5.2に、このユーザビリティ報告書の利用の流れを示す。

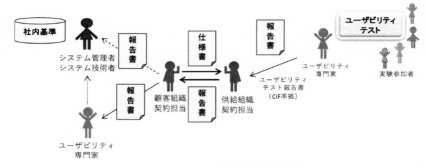

図 5.2　ユーザビリティ報告書の利用の流れ

　ユーザビリティ評価報告書が契約として機能するには、発注企業・供給企業共にユーザビリティに関するある程度の理解力が求められる。どちらかというと、発注企業側がイニシアティブをとって契約することが望ましい。

5.7　ユーザビリティ評価報告書の事例

　ここでは、第2章から用いているセレクトショップ型ECサイトの事例を用い、ユーザビリティ評価報告書について説明する。図5.3に今回用いた評価向け画面例を示す。

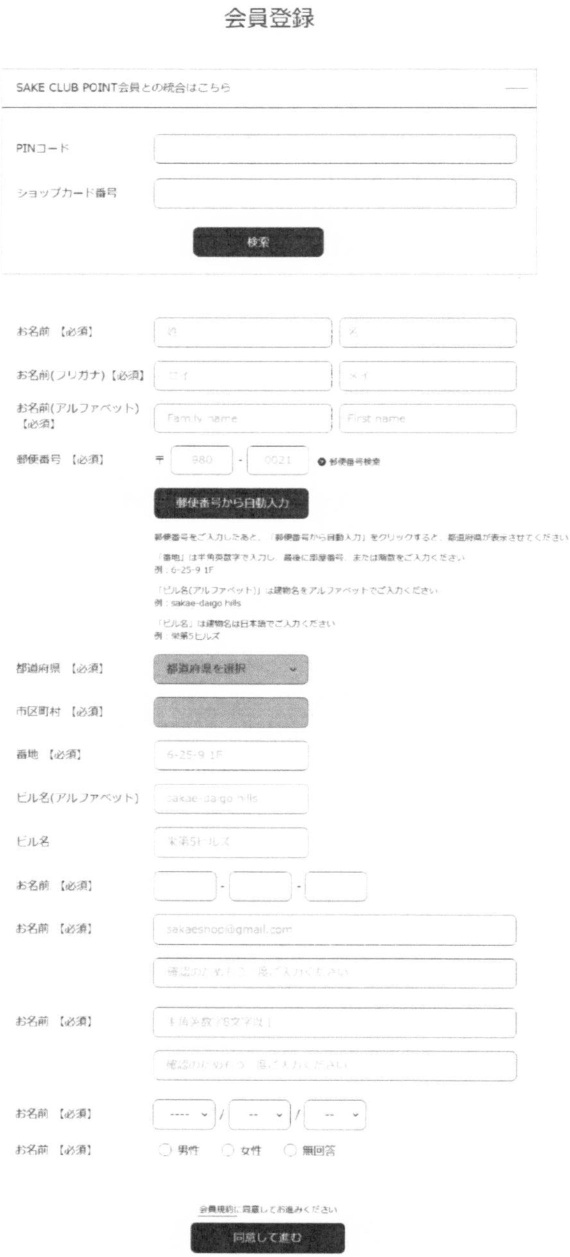
会員登録
SAKE CLUB POINT会員との統合はこちら
PINコード
ショップカード番号
検索
お名前 【必須】
お名前(フリガナ) 【必須】
お名前(アルファベット) 【必須】
Family name
First name
郵便番号 【必須】
〒 980 - 0021
郵便番号検索
郵便番号から自動入力
郵便番号をご入力したあと、「郵便番号から自動入力」をクリックすると、都道府県が表示させてください
「番地」は半角英数字で入力し、最後に部屋番号、または階数をご入力ください
例：6-25-9 1F
「ビル名(アルファベット)」は建物名をアルファベットでご入力ください
例：sakae-daigo hills
「ビル名」は建物名は日本語でご入力ください
例：栄第5ヒルズ
都道府県 【必須】
都道府県を選択
市区町村 【必須】
番地 【必須】
ビル名(アルファベット)
ビル名
お名前 【必須】
sakaeshop@gmail.com
お名前 【必須】
お名前 【必須】
お名前 【必須】
男性
女性
無回答
会員規約に同意してお進みください
同意して進む

図5.3　評価用画面例

以下に実際の評価報告書の例を示す。

エグゼクティブサマリー

評価対象の名称および内容	海外からの発送を受け取るのに必要な送り先情報（以下、海外受け取り用情報）を含むユーザ情報の登録。
評価方法と手順の概要	セレクトショップ型 EC サイトのユーザ登録フォームに PC よりアクセスし、上から順に必要な情報の登録を行う。登録項目については添付の「入力項目再現」を参照。
主要な知見、関連する結論および推奨事項（該当する場合）を含む結果の概要	・ユーザの海外受け取り用情報および登録必須項目が、運営に差支えない形で登録されていること。 ・実店舗ですでに取得していたユーザ情報とリニューアル前の EC サイトで取得していたユーザ情報を、セレクトショップ型 EC サイトでもデータ継承できるよう、ユーザの突合せとユーザ情報の更新を行う。

評価対象の記述

正式な名前とリリースまたはバージョン	セレクトショップ型 EC サイト
評価された対象の部（該当する場合）	ユーザ登録フォーム
評価対象が意図しているユーザグループ	EC サイト利用ユーザ（購入者）
評価対象とその目的の簡潔な記述	・対象である購入者は EC サイトの閲覧・購入を目的としているが、EC サイトの仕様上、海外受け取り用情報を含む必須ユーザ情報の登録を完了しない限り、カート機能（商品を選び、決済に進むまでの間に商品を選択した状態を継続させておく機能）が利用できない。 ・購入者は海外から発送される商品を購入するかどうか否かにかかわらず、自らの目的を達成させるために海外受け取り用情報の入力の入力をする必要がある。
想定される利用状況	購入者がセレクトショップ型 EC サイトの閲覧・購入を希望したとき。
事前ユーザビリティ評価報告書の要約（該当する場合）	-
評価対象物の予想される影響	フォームの入力フローについては問題なく進行するが、フォームを入力することで判明する登録の独自ルールに対する疑問と困惑により、1) 入力が滞る、2) 店舗店員のサポートを受ける、3) 入力を中断し離脱する、状態が考えられる。
対象に対する市場調査の引用	-

評価の目的

目的の記述	ユーザの海外受け取り用情報および登録必須項目が、すべて運営の意図した値で入力されること。
評価された関数および構成要素（該当する場合）	添付の入力事項再現を参照。
対象の一部だけを評価した理由（該当する場合）	海外から発送される受注生産商品を扱うセレクトショップ型 EC であることを前面に打ち出していないため、EC サイトを利用したいユーザにとって、英語の住所入力をする理由とフォームの必須入力項目が直結しない懸念があるため。

評価の方法：概要

使用した評価の種類	インスペクション評価
評価中に使用した手順を再現するのに充分な情報	セレクトショップ型 EC サイトのユーザ登録フォームに PC よりアクセスし、上から順に必要な情報の登録を行う。登録項目については添付の「入力項目再現」を参照。

評価の方法：評価者 / 参加者

評価者 / 参加者総数	1 名
試験参加者または評価者 / 検査員の区分（複数の区分の場合）	試験参加者
試験参加者または検査のために考慮されたユーザの主要な特性	マウス、またはスマホを利用した画面操作ができ、入力文字の切り替えを含めた住所程度の短文章のタイピングができる、20 〜 50 代前後の成人。
標本とユーザ集団との差（該当する場合）	-
特性別参加者表	-

評価の方法：タスク（評価で使用される場合）

評価に使用するタスク	ユーザの海外受け取り用情報を含む登録情報の登録
タスクごとのタスクシナリオ	1　会員登録ページにアクセスする。 2　すでに実店舗で登録していた自分のデータが継承できるよう、データ照合する。 3　「お名前」の姓、名をフォーム内の記入例に則り、フォームに入力する。 4　「お名前（フリガナ）」のセイ、メイをフォーム内の記入例に則り、フォームに入力する。 5　「お名前（アルファベット）」の Family name、First name をフォーム内の記入例に則り、フォームに入力する。 6　「郵便番号」に日本郵便が承認している郵便番号をハイフン区切りの 3 桁と 4 桁で、フォーム内の記入例に則ってフォームに入力し、「郵便番号から自動入力」を押下する。 7　「郵便番号から自動入力」のすぐ下に記載の補足説明を読む。 8　直前のタスクで自動入力された「都道府県」と「市区町村」のフォームが意図した表示となっているか確認する。

タスクごとの タスクシナリオ	9　「番地」をフォーム内の記入例に則り、フォームに入力する。 10　「ビル名（アルファベット）」をフォーム内の記入例に則り、 　　フォームに入力する。 11　「ビル名」をフォーム内の記入例に則り、フォームに入力する。 12　「電話番号」をハイフン区切りの3つのフォームに分けて入 　　力する。 13　「メールアドレス」をフォーム内の記入例に則り、フォーム 　　に入力する。 14　フォーム内案内に従い、「メールアドレス」と同様の内容を 　　フォームに入力する。 15　「パスワード」をフォーム内の記入例に則り、フォームに入 　　力する。 16　フォーム内案内に従い、「パスワード」と同様の内容をフォー 　　ムに入力する。 17　「生年月日」をフォーム内の選択肢から選択する。 18　「性別」をフォーム内の選択肢から選択する。 19　会員規約のテキストリンクを押下し、ブラウザの別タブで表 　　示された会員規約を確認する。 20　もとのブラウザタブに戻り、「同意して進む」を押下する。
タスクの選定基準	タスク6〜11
選定したタスクの出所	開発過程のテストにて、プロジェクト参画メンバーから入力方法 に問い合わせがあったため。
参加者および/または検 査員に与えられたタスク データ（該当する場合）	■パターン1 ① タスク1〜5まで完了。 ② タスク1により、タスク6〜11で入力すべき住所情報が欠落 　した状態で継承・補完される。 ③ 情報が欠落したままでデータが継承・補完された状態に対し、 　必要なフォームはすでに入力されていると認識したため、タス 　ク6とタスク7を行わず、操作不可である「都道府県」と「市 　区町村」のフォームを押下。 ④ 以降、何度か「都道府県」と「市区町村」のフォームを押下。 ⑤ 入力不可の状態に変化がないため、タスク7を行い、タスク6 　を行う必要性に気づく。 ⑥ タスク6より作業を再開し、以降のタスクを完了。 ■パターン2 ① タスク1〜6まで完了。 ② タスク7が不完全なまま、タスク8、タスク9を実行。 ③ タスク10でタスク7に記載されていたバリエーションルール 　に反した値（日本語のビル名）をフォームに入力。 ④ タスク11に差し掛かるが、タスク10で入力した内容との違 　いが理解できず、タスク11には着手せず、次タスクに進む。 ⑤ タスク12〜19まで完了。 ⑥ タスク20を実行後、「ビル名（アルファベット）」のフォーム 　にバリエーションエラーがかかる。 ⑦ エラー原因の解決が困難だったため、「ビル名（アルファベッ 　ト）」のフォームに入力した値を削除。 ⑧ タスク10とタスク11をスキップし、タスクを完了。

参加者および / または検査員に与えられたタスクデータ（該当する場合）	■パターン 3 ① タスク 1 〜 5 まで完了。 ② タスク 6 の「郵便番号から自動入力」の押下を行わず、進む。 ③ タスク 7 が不完全なまま進む。 ④ 操作不可である「都道府県」と「市区町村」のフォームを押下。 ⑤ 以降、何度か「都道府県」と「市区町村」のフォームを押下。 ⑥ 入力不可の状態に変化がないため、対象のフォームとサイトを離脱。
タスクごとのタスク完了およびタスク放棄の基準	入力できたかどうか

評価の方法：評価環境

物理的環境と施設	-
技術的環境 （該当する場合）	Web ブラウザ（Google Chrome、Mozilla Firefox、Safari、Microsoft Edge、Internet Explorer 各種、当時の最新バージョン） WindowsOS、macOS、androidOS、iPadOS、iOS EC システム、それが所在しているクラウドストレージ（仮想サーバ）
評価管理ツール （使用されている場合）	-
評価管理者 （該当する場合）	-

手順：評価の設計

評価設計の記述	タスク 6 〜 11 において、「郵便番号から自動入力」によって自動入力された住所と組み合わせて、直後の「番地」「ビル名（アルファベット）」「ビル名」が入力できるか。
独立変数（該当する場合）	-
定義済みの合否判断基準 （検査または観察の場合） （使用する場合）	1 度目のタスク 20 の実行前に、登録必須項目がすべて運営の意図した値で入力できているか。
評価で使用される尺度 （該当する場合）	1 度目のタスク 20 の実行時に、バリエーションエラーとならない割合。
基準や尺度の運用定義 （該当する場合）	「評価で使用される尺度」が 7 割を超えていること。
評価に参加する個人間の対話（該当する場合）	-
評価に現れる他の人 （該当する場合）	-
試験参加者への 一般的な指示	-
タスクの明示的な指示 （該当する場合）	特に設けていない。
評価を実施するための 活動の順序	-

手順：収集するデータ

事前定義された基準 （基準が使用される場合） からの偏りの観点による ユーザビリティ欠陥	・タスク2においてデータ照合ができない。 ・「郵便番号」フォームの隣「郵便番号検索」のテキストリンクで 　開く外部サイトの別タブから元のページに戻って来られない。 -- 以下、ユーザビリティ欠陥と同等と判断できるシステム仕様 -- 　サービス運営上、海外受け取り用情報として取得したい情報は 「お名前（アルファベット）」「郵便番号」「都道府県」「市区町村」「番 地」と定めているため、「ビル名（アルファベット）」および「ビ ル名」を必須項目としていない。「ビル名（アルファベット）」と「ビ ル名」は必須項目でないにもかかわらず、「ビル名（アルファベッ ト）」にバリエーションエラーとなる誤った値が入力された場合に は、ユーザの目的（=ECサイトの閲覧・購入）が達成できず、 これがタスク完了の妨げとなっている場合もある。 　「ビル名」より前に「ビル名（アルファベット）」が先に来てい る理由として、利用したECシステムパッケージの仕様が上げら れる。サイト表層の差異はないが、バックグラウンドのデータ構 造では「ビル名（アルファベット）」が本来パッケージ上で設定 されているデフォルトのビル名入力カラムであり、「ビル名」は 追加で設けたフォームである。csv等でデータ出力をする際にプ ログラム改修を加える必要があることやパッケージの根幹カラム であることから改修が行えないと判断し、この表示順に至った。 　また、タスク6を行うことで、操作不能だった「市区町村」の フォームは操作可能なフォームとなるが、操作不能状態であって も入力が不能となるだけで、他のフォーム同様、選択したフォー ムの枠線の色が変化するため「ユーザは選択しているのにフォー ム入力ができない」「タスク7を行わないと状況の解決ができない」 状況に陥ってしまう。
観察されたユーザ行動	「ビル名（アルファベット）」と「ビル名」への入力
観察パフォーマンスデータ	「ビル名（アルファベット）」および「ビル名」
定性的データ	-
定量データ	-

結果：データ解析

観察、測定または収集さ れたデータ分析に使用さ れたアプローチ	評価者1人による評価を行っている。実際には、1) 問い合わせ フォームから連絡のあったユーザの意見、2) 実店舗の店員に寄せ られた質問、3) ページのweb計測ツールのクリック数や離脱ポ イントの計測結果、等を含んでいるが、今回の記載はすべての情 報を総合し断片的に成形した、評価者1名データとする。
計画および収集データの 差異（該当する場合）	「観察、測定または収集されたデータ分析に使用されたアプロー チ」の理由により該当なし。
分析に用いたデータの 割合（該当する場合）	「観察、測定または収集されたデータ分析に使用されたアプロー チ」の理由により該当なし。
データスコア （使用されている場合）	-
データの縮退還元	-
統計処理 （使用されている場合）	-

結果：結果の表現

（基準が使用される場合）所定の基準からの評価対象の属性の偏りに関するユーザビリティ欠陥	・「郵便番号から自動入力」の押下が、任意か実行必須なのか一目で判断できない。 ・補足説明が目に留まりづらい。それにより、以降のフォームに対する補足情報であることにも気付きづらい。 ・補足説明の欠陥によりフォーム入力の順番が上から下の一方に流れず、フォーム間を往復してしまう。 ・操作不可フォームであることが一目で判断できない。 ・「ビル名（アルファベット）」と「ビル名」の表記を比較した時に、「ビル名」は日本語入力すべき情報だということが入力例からくみ取れない。 ・日本語での住所入力が完結しない状態で英語の住所「ビル名（アルファベット）」が入り、日本語の「ビル名」に戻ることで入力内容に混乱を招く。
特定されたユーザビリティ欠陥から生じる可能性の高い潜在的ユーザビリティ課題	・操作方法が分からないために起こる入力中断、およびタスクの離脱。 ・欠損、または運営が意図していない値のデータの登録。
観察期間中に確認されたユーザビリティ所見	補足説明の欠陥によりフォーム入力の順番が上から下の一方に流れず、フォーム間を往復してしまう。
測定尺度によるパフォーマンスデータ	-
ユーザによる課題、意見および印象の報告	
ユーザ満足または知覚の測定レベル	-

結果：結果および推奨事項の解釈

結果の解釈	サービス、画面・システムデータの設計において、ユーザ優先の状態とは言い難い。サービス設計の時点で、ユーザビリティ、およびユーザにとっての目的と、サービスによって得られる運営側の利益バランスについて熟考し、各設計に落とし込むまでの工程に不足があったと言える。
推奨事項	・目的に対して介助的な視覚情報を加えたり、あえてテキストでコンセプトを明示したりすることで、結果的に操作方法の理解を助長できた可能性があるため、海外受け取り用情報を入力する際のユーザビリティに対し、ユーザ情報登録ページに「海外から発送される受注生産商品を扱うセレクトショップ型 EC であること」が分かるアテンションを追記、またはこのページにたどり着く手前で明示することが望ましい。 ・海外受け取り用情報はユーザ情報と別データで管理し、ユーザが持つ本来の目的を妨害するような必須入力項目の設置は極力避けることが望ましい。 ・システムやパッケージの根幹に対して修正が生じる場合を事前に想定し、上記同様、根幹と癒着のないデータ管理心がけ、画面表層だけの解決だけでなく、データについても可能な限り影響範囲を考慮することが望ましい。

推奨事項	・郵便番号による住所の自動入力と、郵便番号に対してのバリデーションルール付与は別の要件ととらえ、自動入力はユーザの作業補完のみを目的とし、操作方法の理解を妨げるような入力不可等の規制を付け加えないことが望ましい。 ・バリデーションルールの付与が必要な入力項目については、必須項目とするか、入力中にバリデーションルールに則っているか判断できるアテンションを表示することが望ましい。

適合性評価のための追加内容（使用される場合）

適合性評価スキーム（使用される場合）	海外からの発送を受け取るのに必要な送り先を含むユーザ情報の登録。
適合基準	1度目のタスク 20 の実行前に、必須項目がすべて運営の意図した値で入力できている割合が 7 割を超えているか否か。
全ての適合基準が満たされているかどうかの声明	全ての適合基準が満たされているとは言えない。
なぜ適合するかを示す証拠基準を満たさなかったか（特定された不適合）	web 計測ツールにおいて、タスク 20「同意して進む」の押下数が該当のページ表示回数と大きく乖離し、その数が該当のページ表示数のおよそ 3 倍であったため、概算ではあるが、ユーザが 1 度目の「同意して進む」を押下した際にバリエーションエラーを起こしていると推測できるため。

第6章

事例集

6.1　本章の概要

　本章では、これまで解説したCIFを使った事例を示す。事例は、次の8つの内容である。

①天気予報サイト
②バス（乗合自動車）
③ネットバンキング
④組織内で用いるインハウスコミュニケーションシステム
⑤自治体業務支援システム
⑥クルーズ観光予約サイト
⑦ワイヤレスディスプレイアダプタ
⑧害獣監視カメラシステム

　それぞれの事例は、原則としてシステム概要から始まり、利用状況、ユーザニーズ、ユーザ要求事項について記述しているが、全ての項目を網羅しているのではなく、特に詳細に記述されている項目がある。大きく分けると、利用状況を詳細に記述してユーザ要求事項を生成するまでの関係を示したものと、ユーザ要求事項を詳細に記述したものである（表6.1）。①から③の事例で示したユーザ要求事項は概念的であるので、具体的な記述は、⑥から⑧の事例を参照のこと。

　CIFに沿って人間中心設計の活動を全て記述すると、相当な情報量になる。しかしながら、一度、記述すれば設計仕様の背景を共有することが可能になり、記述した情報を類似製品の開発設計などへ展開することも可能となる。

表 6.1 事例の記述内容

システム	利用状況記述	ユーザニーズ	ユーザ要求事項の生成	ユーザ要求事項詳細記述
①天気予報サイト	○	○	○	－
②バス（乗合自動車）	○	○	○	－
③ネットバンキング	○	○	○	－
④組織内で用いるインハウスコミュニケーションシステム	△	○	－	－
⑤自治体業務支援システム	△	○	－	－
⑥クルーズ観光予約サイト	－	－	－	○
⑦ワイヤレスディスプレイアダプタ	－	－	－	○
⑧害獣監視カメラシステム	－	－	－	○

○ 詳細記述　　△ 概要記述　　－ 記述していない

6.2　事例：天気予報サイト

6.2.1　システム概要

　気象庁が発表した天気予報を基に、Web上で長期（約3か月）の天気予報を調べることができるサイトを有するシステム。本サイトは同一ドメイン内で天気情報以外のコンテンツも扱っており、本来は天気情報以外がサービスの主体である。したがって、システムを利用するターゲットユーザは必ずしも天気情報に関心があるわけではないが、ここでは天気予報サイトに限った利用についての分析としている。図6.1は天気予報サイトに表示される天気予報の例である。

図6.1　天気予報サイトに表示される天気予報の例

6.2.2　利用状況の初期段階の記述

　本システム（天気予報サイト）を利用するユーザグループを対象とした利用状況の初期段階の分析結果を、以下に示す。

システム、製品やサービス	長期天気予想サイト
ユーザグループの一般タイトル	サイト利用者
職務タイトル例	天気情報の閲覧
デモグラフィックデータ	・10 〜 70 代 ・日常生活で天気情報を必要としている全ての人
目標	ユーザの利用目的に合わせて天気情報が素早く閲覧できること
サポートすべきと想定されるタスクと想定されるタスク実施能力	・地点の選択、平年との比較 ・他のサービスへの移動
想定される物理的環境	インターネット環境
タスク完了に利用される想定される装置	インターネットが接続可能な端末（パソコン / タブレット / スマートフォン）

6.2.3　利用状況の記述

　6.2.1 項で述べたユーザグループを対象に、第 2 章で説明した利用状況の記述に従って本システム（天気予報サイト）の利用状況を記述する。

ユーザグループ

考慮するユーザグループ		・天気情報に関心があるサイト閲覧者。10 歳代から 70 歳代。性別は問わない。 ・インターネット利用経験（令和 3 年時点のインターネット利用者率は 13 〜 59 歳の各年齢層で 9 割を上回るため、閲覧可能な見込み（出典：総務省「通信利用動向調査」）。 ・インターネット接続が可能な端末操作ができること（支援技術を用いても可）。 ・主に視覚情報であるため、視覚特性があるユーザに対しては UI の配慮が必要。
	ユーザグループの確認	・10 歳代から 70 歳代（性別無関係） ・インターネット利用経験者 ・端末操作可能者
	記載するユーザグループ	同上
二次または間接ユーザ		天気の情報によって影響を受けるステークホルダ（家族等）
	製品とのインタラクション	特になし
	出力結果による影響	天気の情報によって準備や行動が変わる人。

技能および知識

製品がサポートするプロセスと手法の訓練と経験		Webサイトの情報閲覧は、Webサイトを利用しないユーザにとって、情報の拾得が困難である。たとえば新聞などと比べたとき、情報そのものに対してタップやクリック等の操作が必要となるため、スマートフォンやPCの操作知識がある程度必要である。
利用経験		
	製品利用	本システム・サイトの利用経験ではなく、インターネットの利用経験が必要。
	主な機能が類似している他の製品の利用	競合他社の天気サイト
	インタフェースの仕様またはOSが同じ製品の利用	・カレンダーアプリ ・スケジュールアプリ ・映画配給スケジュールサイト ※Webアプリケーションのため、OSの一致はなし
訓練		
	主な機能によって提供されるタスク	カレンダーアプリの操作
	主な機能の利用	期間の選択、平年との比較
	主な機能が類似した他の製品利用	・カレンダーアプリ ・スケジュールアプリ
	インタフェースの様式またはOSが同じ製品の利用	同上
資質		特に必要なし
関連する入力のスキル		・スマートフォンを利用したタッチスクリーン画面操作ができる。 ・入力文字の切り替えを含めた、地点名程度の短文章の文字入力ができる。
言語能力		・タップ ・モーダル ・スワイプ ・スクロール ※通常のスマートフォン操作に伴う用語 ※いずれもスマートフォンでタッチスクリーン操作が可能なレベルのユーザであれば、解説不要。
背景知識		天気予報／天気情報に関する一般的な知識
知的能力		
	特徴的な適応力	該当なし
	特定の精神障害	該当なし
動機		
	職務およびタスクへの態度（関心）	長期的な行動計画に影響を及ぼすため、関心はある。
	当該製品（サービス）への態度（関心）	サービスそのものへは特になし。
	情報技術への態度（関心）	技術そのものへは特になし。
	雇用組織への従業員の態度（配慮）	特になし

身体的特性

年齢範囲	10 ～ 70 代
代表的な年齢	幅広いため特定できない。
性別	男女の割合は 50% ずつ
身体的制限事項および障がい	四肢喪失や弱視については、web 閲覧、また何らかの補完で web の内容が分かる状態であれば問題ない。

社会 / 組織環境（購入者が一個人であり、属している組織が理由となる要素が利用条件に関わるケースが少ないと考えられるため、この項目を割愛。）

職務権限	-
職歴	
勤務期間	-
現職務の長さ	-
労働 / 操作時間	
労働時間	-
製品の利用時間	-
仕事の柔軟性	-

タスク

特定したタスク	・天気情報の閲覧 ・長期天気の閲覧
ユーザビリティ評価を実施するタスク	・天気情報の閲覧 ・長期天気の閲覧

タスクの特性

タスク目標	長期の天気情報を閲覧したいユーザが、迅速に任意の日程の天気情報を閲覧する。
選択	・他 Web サイトサービスを利用する ・自身で天気図を読み予想を立てる ※サービス開設時に日本語で同様の情報を閲覧できるサイトはなかったため、タスクに対しての選択に余地がない。
タスク出力	タスクは出力を必要としない。
リスク	・ネット環境に障害がおきて接続できなくなる ・閲覧方法が理解できず、途中で中断する ・閲覧に必要な情報を失念してしまう
タスク頻度	毎日
タスク持続時間	2 分前後
タスクの柔軟性	順序や時間による制限はなく、ユーザの習慣や惰性によって実行される。

身体的および精神的な辛さ		
	タスクに求められる辛さ	-
	他のタスクとの辛さの比較	-
タスクに必要な物		スマートフォン
関連タスク		位置情報を利用して地点を選択するユーザは、スマートフォンの位置情報を許可しておく必要がある。
安全		-
タスク出力の重要度		-

6.2.4 ユーザニーズ報告書

　ここでは第3章で説明したユーザニーズ報告書の記述に従って本システム（天気予報サイト）のユーザニーズを報告する。

タイトルページ	
報告書名および連絡先情報	長期天気予想サイト
ニーズ分析・評価の対象となったシステム、製品またはサービスの名前と、該当する場合はバージョン番号	長期天気予想サイト
ニーズ分析・評価を主導した人の特定	氏名
評価が行われた日付	2022/7/19
報告書の作成日付	2022/7/25
報告書を作成した人の氏名	氏名
エグゼクティブサマリー	
製品名	長期天気予想サイト
調査したユーザの組織およびユーザグループの概要	サイト利用者
意図したユーザのニーズに関する情報の入手方法の概要	指定する地点の天気情報を素早く確認すること。
特定されたユーザニーズのタイプの概要	なるべく迅速に当日の天気情報を閲覧できるようにすること。
ユーザニーズの根拠	過去のヒートマップ分析資料で、ページ上部（当日の天気概要情報）を確認後、大半がページから離脱していたため。
序文	
	国内で他に類を見ない長期間の天気予報、および予想で天気情報を公開。1時間後の天気のように短期間情報から、旅行や年間行事の目安となるような3ヶ月先の長期間情報まで、用途に合わせた情報が、一目で直感的に収集できるようにしたい。
対象システム / 製品 / サービスの改善課題	
	webサイト分析ツールによるページ表示回数や滞在時間の計測情報
方法および手段	
	サイト利用者が情報を得るために操作する様子を観測、操作後、所感をヒアリングする。

ユーザニーズの特定	
	・なるべく迅速に当日の天気情報が閲覧したい。
	・ページが表示された時、自分が検索した情報の結果が表示されている認識を持ちたい。
	・長期の天気情報が確認したい時は、当日の天気を確認したい時と比べて、緊急度が低い。
	・長期天気の掲載があっても、ユーザにとってどう有益な情報なのかイメージできない。
	・長期の天気情報が単調に羅列されているだけだと、何がどの値なのか、何日の情報なのか、自分の知りたい日がおおよそ何日後でどの情報が該当するのか分かりづらい。
	・UI の操作性よりも、天気情報の正確性に対する優先度が高い。
特定された管理者 / 他のステークホルダのニーズ	
	-
特定されたパフォーマンス不足 / 課題 / 改善	
	・「長期天気」まで最短でページ内遷移できるリンクが見落とされている。
	・天気以外のサービス内容がスマートフォン画面のサイズ以上の高さとなるため、スクロールしても「週間天気」や「長期天気」が画面上で表示しきれず、スクロール先に情報があることを予測できない。
	・現在見ている天気の地点名が分かりづらい。
	・広告によって操作方法に困惑を感じる。
統合されたユーザニーズ	
	・迅速に当日の天気情報が閲覧できる必要がある。
	・ページが表示されたとき、自分が検索した情報の結果が表示されていることが分かる必要がある。
	・長期天気の掲載が、ユーザにとってどう有益な情報なのかイメージできるようにする必要がある。
	・長期の天気情報について、何がどの値なのか、何日の情報なのか、自分の知りたい日がおおよそ何日後でどの情報が該当するのか、を分かりやすくする必要がある。
	・天気情報の正確性を優先させる必要がある。
	・「長期天気」まで最短でページない遷移できるリンクを分かるようにする必要がある。
	・「週間天気」や「長期天気」の情報がスクロール先にあることを予測できるようにする必要がある。
	・現在見ている天気の地点名を分かりやすくする必要がある。
	・広告によって操作方法が分かりづらくならないようにする必要がある。
推奨事項	
	-
補足情報	
システム / 製品 / サービスの内容、目的、制約条件	
データ収集機器	-
データ要約	-

6.2.5　利用状況、特定されたユーザニーズに基づいて生成されるユーザ要求事項

　ここでは、利用状況、特定されたユーザニーズに基づいて生成されるユーザ要求事項の例を一覧で示す。

設計する インタラクティブシステム	参照となる利用状況	特定された ユーザニーズ	生成される ユーザ求事項
長期天気予想サイト	・8割のユーザが「地点名＋天気」で検索エンジンより流入してくるため、サイト内の回遊はほとんどせず、当日の天気情報が見られる位置までしか閲覧しない。 ・サイト閲覧者の8割がスマートフォンを利用している。 ・天気以外のサービスの運営の都合上、画面内情報を天気のみに絞ることができない。	・なるべく迅速に当日の天気情報が閲覧できる必要がある。 ・ページが表示されたとき、自分が検索した情報の結果が表示されていることが分かるようにする必要がある。 ・長期天気の掲載がユーザにとってどう有益な情報なのかイメージできるようにする必要がある。 ・長期の天気情報について、何がどの値なのか、何日の情報なのか、自分の知りたい日がおおよそ何日後でどの情報が該当するのか、を分かるようにする必要がある。	・ページ上部に当日の天気を表示させる。長期天気はこれより下に表示させる。 ・検索エンジンで利用したキーワード「地点名＋天気」を、なるべくページの上部に表示させる。 ・天気以外のサービス情報は、適切な位置で、天気情報との視認性にバランスを持たせながら表示させる。 ・長期天気が有益な情報であることをユーザに訴求する。 ・極力遷移を減らし、スマートフォンの画面サイズでも収まるよう長期の天気情報を表示させる。 ・ユーザが長期の天気情報をすぐさま確認できるようなUI表示にする。 ・何がどの値なのか、何日の情報なのかが、スケジュールと照らし合わせて確認可能なUI表示にする。

6.2.6　評価報告書

　ここでは、本システムに対して実施したユーザビリティ評価の報告書として、(1)ユーザ観察評価、(2)インスペクション評価、の結果を示す。

(1) ユーザ観察評価結果報告

エグゼクティブサマリー

評価対象の名称および内容	ユーザの利用目的に合わせた長期天気情報の閲覧
評価方法および手順の概要	スマートフォンから該当サイトにアクセスし、以下2点を目標とした操作を行う ⅰ．明後日正午の天気情報を確認する。 ⅱ．ユーザの2週間以上先実際の予定に対して、その地点のその天気を確認する。
主要な所見、関連する結論および推奨事項（該当する場合）を含む結果の概要	ⅰ．明後日正午の天気情報を確認する 明後日の天気情報は「週間天気」で閲覧できることに気づき、その中から明後日の時間ごとの天気情報を正しく確認することができる。 ⅱ．ユーザの2週間以上先実際の予定に対して、その地点のその天気を確認する 「長期天気」はカレンダーから閲覧できることに気づき、カレンダー表示を操作しながら、月をまたぐ日付の確認をすることができる。

評価対象の記述

正式な名前およびリリースまたはバージョン	長期天気予想サイト
評価された対象の部分（該当する場合）	ⅰ．明後日正午の天気情報を確認する ⅱ．ユーザの2週間以上先実際の予定に対して、その地点のその天気を確認する
評価対象が意図しているユーザグループ	サイト利用者
評価対象とその目的の簡潔な記述	迅速に当日の天気情報が閲覧したい
想定される利用状況	ユーザが天気を確認したいとき
事前ユーザビリティ評価報告書の要約（該当する場合）	-
評価対象の予想される影響	ⅰ．明後日正午の天気情報を確認する 明後日正午の天気情報確認において、時間毎表示の横スクロールに気づかず、正午の時間にたどり着けない可能性がある。 ⅱ．ユーザの2週間以上先実際の予定に対して、その地点のその天気を確認する 「長期天気」の確認において、今日明日の予報と時間ごと予報の間にある遷移バナーに気づかず、下までスクロールしなければならない可能性がある。
対象に対する市場調査の引用	-

評価の目的

目的の記述	ユーザの利用目的に合わせた長期天気情報の閲覧
評価された機能および構成要素 （該当する場合）	添付の入力事項再現を参照。
対象の一部だけを評価した理由 （該当する場合）	会員登録することで利用できる機能や UI 表示が異なり、それぞれに問題に対する原因が異なる可能性があった。そのため、会員登録が必要なく、最もユーザの利用者数が多い箇所に絞った。また、地点の検索についてはすでに致命的な問題点があるため、この部分を省いた。

評価の方法：概要

使用した評価の種類	ユーザ観察
評価中に使用した手順を再現するのに十分な情報（評価の種類ごとの要求事項を明示する）	参加者に長期天気予想サイトの指定ページにアクセスさせ、指示内容を確認してもらう。参加者が確認する項目については「表示項目再現」を参照。

評価の方法：評価者 / 参加者

評価者 / 参加者総数必須	3 名
試験参加者または評価者検査員の区分（複数の区分の場合）	試験参加者
評価参加者またはインスペクション評価のために考慮されたユーザの主要な特性	日常的にスマートフォンで天気情報を確認する習慣があり、入力文字の切り替えを含めた地点名の入力ができる、20 ～ 30 代前後の成人。
標本とユーザグループとの差 （該当する場合）	コアユーザの年齢層と大差はないが、実際は 40 ～ 70 代のユーザの利用もあるため、天気情報をスマートフォンで確認する習慣がないユーザやテキスト入力のスキルに乏しいユーザの存在が想定される。
特性別参加者数	■参加者 A ・20 代男性 ・天気情報を確認する習慣はあるか：毎日ある ・確認するタイミング：出かける前、前日の夜 ・確認方法：A 社のスマートフォンアプリ、端末にデフォルトに実装されている天気情報 ■参加者 B ・20 代女性 ・天気情報を確認する習慣はあるか：ときどきある ・確認するタイミング：天気が崩れそうなとき、台風のとき ・確認方法：地図に対して時系列で雨量の変化が視覚的に把握できる雨雲レーダー（以下、雨雲レーダーと明記）の利用が可能な B 社のウェブサイト、端末にデフォルトに実装されている天気情報

特性別参加者数	■参加者 C ・30 代女性 ・天気情報を確認する習慣はあるか：1 日に 2 回程度、毎日ある ・確認するタイミング：洗濯物を干している最中、朝出かける前、前日の夜 ・確認方法：B 社のスマートフォンアプリ

評価の方法：評価で使用するタスク

評価に使用するタスク	天気情報の閲覧
タスクごとのタスクシナリオ	ⅰ．明後日正午の天気情報を確認する 1　指定ページにアクセスする。 2　ページをスクロールし「週間天気」を表示する。 3　「週間天気」で表示される表の上段、右から 3 つ目の日付、あるいは天気アイコンをタップする。 4　モーダル表示内に横並び記載された時間毎の天気を、正午までスクロールする。 5　正午の天気情報、天気、気温、降水量、湿度、風向、風速を読み上げる。 ⅱ．ユーザの 2 週間以上先実際の予定に対して、その地点のその天気を確認する 1　指定ページにアクセスする。 2　今日明日の予報と時間毎予報の間にある遷移バナーをタップし、「長期天気」コンテンツへページ内遷移する。 3　カレンダー表示内から、ユーザが実際に予定のある、任意の日付をタップする。 4　モーダル表示内に記載された情報を読み上げる。
タスクの選定基準	ⅰ．明後日正午の天気情報を確認する 会員登録が必要なく、最もユーザの確認頻度が高いタスク ⅱ．ユーザの 2 週間以上先実際の予定に対して、その地点のその天気を確認する ユーザ自身の予定と天気サイトの情報が、素早く照らし合わせられるかどうかを判断するタスク
選定したタスクの出所	ⅰ．明後日正午の天気情報を確認する web サイト分析ツールより、ユーザのタップ率が高い箇所のため。 ⅱ．ユーザの 2 週間以上先実際の予定に対して、その地点のその天気を確認する 長期天気情報がユーザにとって有益なサービスであり、操作に迷わないか確認するため
参加者およびまたは検査員に与えられたタスクデータ（該当する場合）	■参加者 A ⅰタスク 1・2：ページの読み込みに時間がかかったため、読み込み中に行ったスクールでページ最上部が表示されず（映らず）、長期予想の表示が最初に画面に映し出された。 ※以降、そのまま、ⅰタスクを遂行

| 参加者およびまたは検査員に与えられたタスクデータ（該当する場合） | ⅰタスク3：『週間天気』から情報を確認することなく、『長期天気』のカレンダーより明後日に当たる日付をタップ
ⅰタスク4：完了
ⅰタスク5：完了
ⅰタスク1～4までの経過時間：20秒
ⅰタスク5読み上げ時の躓き：なし

ⅱタスク1：完了
ⅱタスク2：ページ上部のバナーからではなく、ⅰで閲覧したカレンダー表示までスクロール
ⅱタスク3・4：完了
ⅱタスク1～3までの経過時間：20秒
ⅱタスク4読み上げ時の躓き：なし

■参加者B
ⅰタスク1～5：完了
ⅰタスク1～4までの経過時間：15秒
ⅰタスク5読み上げ時の躓き：なし

ⅱタスク1：完了
ⅱタスク2：ページ上部のバナーからではなく、「週間天気」部分にあるテキストリンク「長期天気を見る」をタップ
ⅱタスク3・4：完了
ⅱタスク1～3までの経過時間：16秒
ⅱタスク4読み上げ時の躓き：なし

■参加者C
ⅰタスク1～5：完了
ⅰタスク1～4までの経過時間：22秒
ⅰタスク5読み上げ時の躓き：なし

ⅱタスク1：完了
ⅱタスク2：ページ上部のバナーからではなく、「週間天気」部分にあるテキストリンク「長期天気を見る」をタップ
ⅱタスク3・4：完了
ⅱタスク1～3までの経過時間：31秒
ⅱタスク4読み上げ時の躓き：なし |
| タスクごとのタスク完了およびタスク放棄の基準 | ユーザがタスク完了と感じた場合の直後、または、ユーザがこれ以上タスクを進められないと申告した場合。 |

評価の方法：評価環境

物理的環境および施設	会議室
技術的環境（該当する場合）	Webブラウザ（Google Chrome、Mozilla Firefox、Safari、Microsoft Edge、Internet Explorer各種、当時の最新バージョン） WindowsOS、macOS、androidOS、iPadOS、iOS それが所在しているクラウドストレージ（仮想サーバ）
評価管理ツール （使用されている場合）	テスト時の参加者と端末画面を録画した動画
評価管理者（該当する場合）	参加者1名に対して、評価者兼ファシリテーターが1名

手順：評価の設計

評価設計の記述	ⅰ．明後日正午の天気情報を確認する 明後日正午の天気情報が「週間天気」から閲覧できるか。 ⅱ．ユーザの2週間以上先実際の予定に対して、その地点のその天気を確認する 「長期天気」のカレンダー表示より、月をまたぐ日付の確認をする。
独立変数（該当する場合）	本サイトの閲覧が初回であること。
定義済みの合否判断基準 （インスペクション評価または観察の）（使用されている場合）	ⅰ．明後日正午の天気情報を確認する ページ表示時から最短のスクロースで「週間天気」を見落とさずたどり着けるか否か。 ⅱ．ユーザの2週間以上先実際の予定に対して、その地点のその天気を確認する 「長期天気」のカレンダー表示操作を初見で迷わず行うことができるか否か。
評価で使用される尺度 （該当する場合）	ⅰ．明後日正午の天気情報を確認する 「定義済みの合否判断基準」の成功率 ⅱ．ユーザの2週間以上先実際の予定に対して、その地点のその天気を確認する 「定義済みの合否判断基準」の成功率
基準または尺度の運用定義 （該当する場合）	ⅰ．明後日正午の天気情報を確認する 「評価で使用される尺度」が90%以上を超えていること。 ⅱ．ユーザの2週間以上先実際の予定に対して、その地点のその天気を確認する 「評価で使用される尺度」が90%以上を超えていること。
評価に参加する個人間の対話 （該当する場合）	参加者1名に対して、評価者兼ファシリテーターが1名。 参加者とファシリテーターはコミュニケーションをとることができる。
評価に現れる他の人 （該当する場合）	該当なし
参加者への一般的な指示	ファシリテーターから参加者にはタスクの完了地点までが伝えられるが、それ以外は、操作方法も含め、サイトについての説明を一切行わない。
タスクの明示的な指示 （該当する場合）	「参加者への一般的な指示」の方針により、該当なし。
評価を実施するための活動の順序	・サイトを評価するためにテストを行うこと。また参加者はこのテスターであること。 ・思考をなるべく口にしてほしい等、評価がしやすい行動をとってもらうよう、最初に協力してもらいたい事項の伝達。 ・動画による記録の承認。

手順：収集データ

事前定義された基準 (基準が使用される場合) からの偏りの観点によるユーザビリティ欠陥	-
観察されたユーザ行動	・広告によって操作方法に困惑を感じている。 ・参加者はタスクの完了地点までが伝え、それ以外は操作方法の方法も含めサイトについての説明を一切行わなかったものの、操作に支障はなかった。 ・情報（文字）が多く、直感的に情報を収集しづらいと感じている。
観察パフォーマンスデータ	「評価の方法：評価で使用するタスク」の「参加者およびまたは検査員に与えられたタスクデータ（該当する場合）」と同様 ■参加者 A ⅰ タスク 1・2：ページの読み込みに時間がかかったため、読み込み中に行ったスクロールでページ最上部が表示されず（映らず）、長期予想の表示が最初に画面に映し出された。 ※以降、そのまま、ⅰ タスクを遂行 ⅰ タスク 3：『週間天気』から情報を確認することなく、「長期天気』のカレンダーより明後日に当たる日付をタップ ⅰ タスク 4：完了 ⅰ タスク 5：完了 ⅰ タスク 1 〜 4 までの経過時間：20 秒 ⅰ タスク 5 読み上げ時の躓き：なし ⅱ タスク 1：完了 ⅱ タスク 2：ページ上部のバナーからではなく、ⅰ で閲覧したカレンダー表示までスクロール ⅱ タスク 3・4：完了 ⅱ タスク 1 〜 3 までの経過時間：20 秒 ⅱ タスク 4 読み上げ時の躓き：なし ■参加者 B ⅰ タスク 1 〜 5：完了 ⅰ タスク 1 〜 4 までの経過時間：15 秒 ⅰ タスク 5 読み上げ時の躓き：なし ⅱ タスク 1：完了 ⅱ タスク 2：ページ上部のバナーからではなく、「週間天気」部分にあるテキストリンク「長期天気を見る」をタップ ⅱ タスク 3・4：完了 ⅱ タスク 1 〜 3 までの経過時間：16 秒 ⅱ タスク 4 読み上げ時の躓き：なし ■参加者 C ⅰ タスク 1 〜 5：完了 ⅰ タスク 1 〜 4 までの経過時間：22 秒 ⅰ タスク 5 読み上げ時の躓き：なし ⅱ タスク 1：完了 ⅱ タスク 2：ページ上部のバナーからではなく、「週間天気」部分にあるテキストリンク「長期天気を見る」をタップ ⅱ タスク 3・4：完了 ⅱ タスク 1 〜 3 までの経過時間：31 秒 ⅱ タスク 4 読み上げ時の躓き：なし
ユーザ報告書の定性的データ	該当なし
ユーザ報告書の定量的データ	-

結果：データ解析

観察、測定または収集された データ分析に使用されるアプ ローチ	観察のため録画したデータをタスクごとに切り分け分析。 また、タスクごとに共通した挙動の収集や、タスク完了ま でに要した時間の集計を行う。
計画および収集データの差異 （該当する場合）	ユースエラー以外の該当なし。
分析に用いたデータの割合 （該当する場合）	全てデータは評価者と共に収集されたため、欠損データの 該当なし。
データスコア （使用されている場合）	・ユースエラーは一つのケースとして扱う。 ・今回の測定結果は「できたか」「できなかったか」の是非 　で判定を行うため、外れ値は存在しない。
データの縮退	参加者のタスク成功結果数 / 参加者数＝成功率で算出。
統計処理（使用されている場合）	グループの比較は「手順：評価の設計 評価設計の記述」の 是非に基づいて行う。

結果：結果の表現

（基準が使用される場合）確立 された基準からの評価対象の属 性の偏りに関するユーザビリ ティ欠陥	今日明日の予報と時間毎予報の間にある遷移バナーが「長 期天気」へのリンクであることに気づかない。
特定されたユーザビリティ欠陥 から生じる可能性のある潜在的 ユーザビリティ課題	-
観察中に確認された ユーザビリティ所見	・正午の天気を確認する際、時間ごとの天気について、3 　名とも躊躇なく時系列の方向に横スクロールができた。 ・モーダル内の情報を確認する際、指定した情報を3名と 　も躊躇なく読み上げることができた。 ・遷移バナーに気づかず、最短で「長期天気」にたどり着 　けなかった場合にも、「週間天気」部分に「長期天気」を 　目的とするユーザの受け口があることで、下までスクロー 　ルしてしまう人を軽減させている。 ・天気以外のサービス内容がスマートフォン画面のサイズ 　以上の高さとなるため、「週間天気」や「長期天気がスク 　ロールしても画面上で見切れず、スクロール先に情報が 　あることを予測できない。 ・天気以外のサービス内容が、スマートフォン画面のサイ 　ズ以上の高さでページの最上部とページ中腹にあるため、 　ｉやⅱにかかる時間＝天気情報を探す時間と一概に言え 　なくなってしまった。
測定尺度による パフォーマンスデータ	タスク完了率：83%、タスク完了平均時間：ｉ→19秒・ ⅱ→22.3秒、支援回数：なし
ユーザから報告された課題、 意見および印象	・現在見ている天気の地点名が分かりづらい。 ・見たい天気情報の間に必ず天気以外のサービス内容が 　入っているため、その表示による煩わしさの印象が強い。

ユーザから報告された課題、意見および印象	・ユーザは天気情報を時系列で把握し、その情報から自己で今後の天気を予測したいため、日ごとの天気、時間ごとの天気といった同等の情報が一覧で表示されている状態を望んでいる（スクロールで一部しか見えなくなってしまっている状態や、スライダーのようにひとつの情報ごとしか表示されない状態を嫌う）。
ユーザ満足または知覚の測定レベル	広告によって操作方法に困惑を感じている。

結果：結果および推奨事項の解釈

結果の解釈	今日明日の予報と時間ごと予報の間にある遷移バナーが「長期天気」へのリンクであるのが気づかれないこと以外、おおむねシナリオ通りにタスクを完了することができるUIであると言える。ただし、天気以外のサービス内容が天気情報を圧迫するコンテンツ量であることから、ユーザ優先の状態であるとは言い難い。
推奨事項	・長期の天気情報を目的としてアクセスしてきたユーザが、最速で「長期予報」が確認できるよう、今日明日の予報と時間毎予報の間にある「長期天気」バナーのデザインを、今より目に留まるデザインに変更するとこが望ましい。 ・ページの表示待ちなのかアクセス不良なのか分からず画面操作を行ってしまうため、ページの読み込み時にローディングアニメーションを追加するのが望ましい。 ・天気以外のサービス内容については、広告としての役割と天気情報の意義を常に秤にかけながら配置し、次項の天気情報が見切れる程度のサイズ感になるよう努めるのが望ましい。 ・現在表示されているページがどの地点情報か一目で判断できるよう、地点名は文字のサイズと太さを上げ、今より目立つようにするのが望ましい。 ・天気の移り変わりを確認したいユーザに対し、日ごとの天気、時間ごとの天気といった同等の情報が一目で確認可能なようなUIであることが望ましい。

適合性評価の追加内容

適合性評価スキーム（使用する場合）	ユーザの利用目的に合わせた長期天気情報の閲覧
適合基準	i．明後日正午の天気情報を確認する 参加者の90%がページ表示時から最短のスクロールで「週間天気」を見落とさずたどり着けるか否か。 ii．ユーザの2週間以上先実際の予定に対して、その地点のその天気を確認する 参加者の90%が「長期天気」のカレンダー表示操作を初見で迷わず行うことができるか否か。
全ての適合基準が満たされているかどうかの声明	全ての適合基準が満たされているとは言えない。
適合基準が満たされなかった理由を示す証拠（特定された不適合）	iのタスク成功率2名/3名、iiのタスク成功率3名/3名であり、想定通りのタスクを完了までの成功率は83%(5/6)だったため。

(2)インスペクション評価結果報告

エグゼクティブサマリー

評価対象の名称および内容	長期天気情報の UI 表示とその操作性
評価方法および手順の概要	スマートフォンから該当サイトにアクセスし、長期天気情報のカレンダー表示について操作性を評価する。
主要な所見、関連する結論および推奨事項（該当する場合）を含む結果の概要	長期天気のカレンダー表示において月を跨いで表示・操作でき、なおかつ、日ごとの情報をタップして詳細が確認できる。

評価対象の記述

正式な名前およびリリースまたはバージョン	長期天気予想サイト
評価された対象の部分（該当する場合）	長期天気情報のカレンダー表示
評価対象が意図しているユーザグループ	特になし
評価対象とその目的の簡潔な記述	特になし
想定される利用状況	特になし
事前ユーザビリティ評価報告書の要約（該当する場合）	該当なし
評価対象の予想される影響	特になし
対象に対する市場調査の引用	特になし

評価の目的

目的の記述	長期天気情報のカレンダー表示について操作性を評価
評価された機能および構成要素（該当する場合）	添付の入力事項再現を参照
対象の一部だけを評価した理由（該当する場合）	長期天気情報を掲載しているサイトが国内で他になく、かつ、カレンダーという1ヶ月区切りの情報量や、少し先の天気が気になる予定を立てるのに、個人のスケジュールと照らし合わせるという行為がしやすいかどうか判定したいため。

評価の方法：概要

使用した評価の種類	インスペクション評価
評価中に使用した手順を再現するのに十分な情報（評価の種類ごとの要求事項を明示する）	長期天気予想サイトの指定ページにアクセスし、ページ内から長期天気情報のカレンダー表示の操作性を確認する。確認項目については「表示項目再現」を参照。

評価の方法：評価者・参加者

評価者参加者総数必須	1名
試験参加者または評価者検査員の区分（複数の区分の場合）	試験参加者
評価参加者またはインスペクション評価のために考慮されたユーザの主要な特性	日常的にスマートフォンで天気情報を確認する習慣があり、入力文字の切り替えを含めた地点名の入力ができる、30代前後の成人。
標本とユーザグループとの差（該当する場合）	-
特性別参加者数	

評価の方法：評価で使用するタスク

評価に使用するタスク	長期天気情報のカレンダー表示の操作
タスクごとのタスクシナリオ	1 指定ページにアクセスする。 2 「長期天気」へページ内遷移する。 3 長期天気のカレンダー表示において月を跨いで表示・操作する。 4 個人のスケジュール表とカレンダー表示を見比べる。 5 特定の日程をタップし、モーダル表示内に記載された情報を確認する。
タスクの選定基準	サービスの提供方法として適切なUIであるか見定められるタスク。
選定したタスクの出所	長期天気情報をカレンダーという形のUIで表すことが天気の情報収集の妨げになっていないか確認するため。
参加者およびまたは検査員に与えられたタスクデータ（該当する場合）	タスク1〜5まで完了。特にタスク以上の操作や思考は必要なかった。
タスクごとのタスク完了およびタスク放棄の基準	-

評価の方法：評価環境

物理的環境および施設	-
技術的環境（該当する場合）	Webブラウザ（Google Chrome、Mozilla Firefox、Safari、Microsoft Edge、Internet Explorer 各種、当時の最新バージョン） WindowsOS、macOS、androidOS、iPadOS、iOS それが所在しているクラウドストレージ（仮想サーバ）
評価管理ツール（使用されている場合）	使用なし
評価管理者（該当する場合）	該当なし

手順：評価の設計

評価設計の記述	長期天気のカレンダー表示において月を跨いで表示・操作。また、日ごとの情報をタップして詳細が確認できる。
独立変数（該当する場合）	-
定義済みの合否判断基準（インスペクション評価または観察の）（使用されている場合）	「長期天気」のカレンダー表示操作が評価者の意図する挙動となっているか
評価で使用される尺度（該当する場合）	-
基準または尺度の運用定義（該当する場合）	一度でも評価者が意図しないリンクやモーダルの挙動となった場合
評価に参加する個人間の対話（該当する場合）	-
評価に現れる他の人（該当する場合）	-
参加者への一般的な指示	-
タスクの明示的な指示（該当する場合）	該当なし。

手順：収集データ

事前定義された基準 (基準が使用される場合) からの偏りの観点によるユーザビリティ欠陥	サーバー上で天気情報が取得できていない日付が存在する（利用 API サービスの不具合）
観察されたユーザ行動	-
観察パフォーマンスデータ	-
ユーザ報告書の定性的データ	-
ユーザ報告書の定量的データ	-

結果：データ解析

観察、測定または収集されたデータ分析に使用されるアプローチ	評価者 1 人による評価を行っている。
計画および収集データの差異（該当する場合）	「観察、測定または収集されたデータ分析に使用されるアプローチ」の理由により該当なし。
分析に用いたデータの割合（該当する場合）	「観察、測定または収集されたデータ分析に使用されるアプローチ」の理由により該当なし
データスコア（使用されている場合）	-
データの縮退	-
統計処理（使用されている場合）	-

結果：結果の表現

（基準が使用される場合）確立された基準からの評価対象の属性の偏りに関するユーザビリティ欠陥	特になし
特定されたユーザビリティ欠陥から生じる可能性のある潜在的ユーザビリティ課題	-
観察中に確認されたユーザビリティ所見	-
測定尺度によるパフォーマンスデータ	-
ユーザから報告された課題、意見および印象	-
ユーザ満足または知覚の測定レベル	-

結果：結果および推奨事項の解釈

結果の解釈	長期天気のカレンダー表示において月を跨いで表示・操作でき、なおかつ、日ごとの情報をタップして詳細が確認できた。カレンダー表示という UI についても、長期天気の情報量が多いため、適切なサマリーとしてカレンダーでの一覧ができている。また、個人のスケジュールと照らし合わせるのにも共通のフォーマットで見比べるため情報が理解しやすい。
推奨事項	モーダル内の情報も全て表示させた別ページを設けることで、天気の移り変わりを個々人が確認できるような別ページを設けることも可能。

適合性評価の追加内容

適合性評価スキーム（使用する場合）	長期天気のカレンダー表示において月を跨いで表示・操作でき、なおかつ、日ごとの情報をタップして詳細が確認できる。
適合基準	一度でも評価者が意図しないリンクやモーダルの挙動があったか。
全ての適合基準が満たされているかどうかの声明	適合基準が満たされていると言える。
適合基準が満たされなかった理由を示す証拠（特定された不適合）	タスク１〜５において、評価者が意図しない挙動は一度も起こらなかった。

6.3　事例：バス（乗合自動車）

　近年実用化が進んでいる自動運転バスの多くは、オペレータが同乗して運行管理を行っている。しかし、ここでは完全自動運転のシステムを想定した事例を取り上げる。利用状況について従来バスとの比較も行い、対象とするユーザは、乗客、運行管理者/運転手、歩行者とする。本節では、システムの概要も含めた利用状況の初期段階および利用状況の記述と生成されるユーザ要求事項について事例を示す。

6.3.1　利用状況の初期段階の記述

　ここで対象としているバスについて、そのユーザグループを対象とした利用状況の初期段階の分析結果を以下に示す。

従来のバス

利用状況の要素	内容（状況）		
システム、製品やサービス	従来のバス（乗合自動車）		
ユーザグループの一般タイトル	乗客	運転手	歩行者
職務タイトル例（該当する場合）	移動	乗客の輸送	歩行
デモグラフィックデータ（もしあれば）（年齢、性別、規定の身体的属性）	特になし	・年齢:21歳以上（普通運転免許取得後3年以上） ・身体的属性：法律で明記かつ安全運行に支障がないこと	特になし
目標	停留所でバスに乗り、目的の停留所で降りる。	車内外の安全を確保して、既定のルートをできるだけ時間通りに通過する。	歩道を歩く、安全を確認して横断歩道を渡る。
サポートとすべきと想定されるタスクと想定されるタスク実施能力	・乗降時のガイダンス ・身体的属性に応じた運転手によるサポート ・乗車中の安全確保	・乗客の質問回答や乗降時サポート ・死角を減らすミラー ・運転席のカメラ ・周囲の車や歩行者を確認し、安全運行する能力	・狭い歩道や横断歩道でバスがどのように挙動するのかの教育や経験 ・運転手とのアイコンタクトや身振り手振りによる安全確認能力

想定される組織 / 社会環境	-	バス停近辺の路上駐 車を避ける行動に対 する周囲の車や歩行 者の対応	・歩道と車道の区別 ・バス路線の表示
想定される物理的環境	-	-	-
タスク完了に利用さ れる想定される装置	-	-	-

自動運転バス

利用状況の要素	内容（状況）		
システム、製品や サービス	バス（乗合自動車）		
ユーザグループの 一般タイトル	乗客	運行監視	歩行者
職務タイトル例 （該当する場合）	移動	乗客の輸送を 実現する車両の運行	歩行
デモグラフィックデータ （もしあれば）（年齢、 性別、規定の身体的 属性）	特になし	不明	特になし
目標	停留所でバスに乗り、 目的の停留所で降り る。	車内外の安全を確保 して、既定のルート をできるだけ時間通 りに通過する。	・歩道を歩く ・安全を確認して横 　断歩道を渡る
サポートとすべきと 想定されるタスクと 想定されるタスク実 施能力	・乗降時のガイダン 　ス ・身体的属性に応じ 　た運転手によるサ 　ポート ・乗車中の安全確保・ 　サポートが必要で 　あることの主張・ 　自動運転バスの乗 　降、乗車の訓練	・乗客への質問回答 　や乗降時サポート・ 　死角を減らすカメ 　ラ ・交通法規に則った 　走行 ・障害物への対応（回 　避、停止）	・狭い歩道や横断歩 　道でバスがどのよ 　うに挙動するのか 　の教育や経験 ・周辺の車に合わせ 　た安全確認能力
想定される組織 / 社会環境		バス停近辺の路上駐 車等障害物の存在。 それらへの対応を周 囲の車や歩行者へ伝 える。	・歩道と車道の区別 ・バス路線の表示
想定される物理的環境	-	-	-
タスク完了に利用さ れる想定される装置	-	-	-

6.3.2　利用状況の記述

　本事例では、対象とするユーザグループが3つ（運転者と運行管理者を1つとする）あるため、本利用状況記述書ではそれらを併記する。また、同一ユーザグループでも、従来バスと自動運転バスとの間で利用状況が異なる場合がある。その際には対象システムを明記する。

		乗客	運転手 / 運行管理者	歩行者
考慮するユーザグループ		・バスを使って目的地まで移動しようとする乗客 ・10歳代から80歳代 ・性別は問わない ・さまざまな特性を有する人も含む	・運転手：通常の乗合自動車運転業務ができる条件を満たしていること ・運行管理者：管理業務、システム操作ができること ・年代：20歳代後半から60歳代まで	・自立して歩行するすべての人 ・ベビーカー、車いす、白杖利用者 ・イヤホン / ヘッドホン利用者
	ユーザグループの確認	・10歳代から70歳代（性別無関係） ・車いす利用者 ・視覚特性 ・聴覚特性 ・その他特性	・20歳代から60歳代（性別無関係） ・身体特性：支援技術を使うことで乗客は周辺ステークホルダの安全が確保できること	・自立歩行できる人（性別無関係） ・車いす利用者 ・視覚特性 ・聴覚特性 ・その他特性 ・イヤホン / ヘッドホン等の利用で外部からの音を遮断している人
	記載するユーザグループ	同上	同上	同上
二次または間接ユーザ		他の乗客	・乗客 ・歩行者 ・周辺住民 ・他のバスおよびその情報	・別の歩行者 ・バス ・自動車 ・自転車 など
	製品とのインタラクション	他の乗客が乗降する際の配慮。	バスの挙動に応じて乗客の意思表示、行動変容が生じる。	バスを認識した際に、自分の存在を示す、避ける、など。
	出力結果による影響	他の乗客の降車意思表示によって自身の行動を決める場合がある。	他の乗客や周囲のステークホルダの行動によって、それぞれのステークホルダが行動を決める場合がある。	自分の安全が確保されていることを確認する必要がある。

技能および知識

	乗客	運転手 / 運行管理者	歩行者
製品がサポートするプロセスと手法の訓練と経験	視覚情報および聴覚情報による、行先、停留所名、運行上の注意喚起の伝達。	運行情報、位置情報、混雑情報などの情報提示およびその情報に基づいた対応操作の訓練。	自動運転バスが自分のことを認識できていることを理解する手段およびそれを知るための訓練。
利用経験			
製品・システム・サービス利用	一通りの利用手順に関する知識が必要。	操作のための製品・サービス知識だけではなく、車両の機構構造に関しても一通りの基礎知識が必要。	自動運転バスが走行していることを知っている必要がある。
主な機能が類似している他の製品の利用	一般公共交通機関	なし	なし
インタフェースの仕様または OS が同じ製品の利用	従来バスおよび自動運転バス	不明	不明
訓練			
主な機能によって提供されるタスク	・バスが停車してドアが開いたら車内に乗る ・料金を支払う ・目的の停留所の前でボタン等を押して運転手に降車の意思を伝える ・バスが停車してドアが開いたら降車する	・バスの進行 ・ドアの開閉 ・収集料金の表示 ・次の停留所のアナウンス	・自動運転バスとのコミュニケーションの取り方 ・アイコンタクト など
主な機能の利用	バスに乗って移動する際は必ず実施。	バスの運行においては必須。	横断歩道における相互認識。
主な機能が類似した他の製品利用	他の公共交通機関	従来バス	従来バス
インタフェースの様式または OS が同じ製品の利用	・従来バス ・自動運転バス ・路面電車	不明	不明
資質	特に必要なし	安全に対する意識	なし
関連する入力のスキル	・降車意思表示のためにボタンを押す ・上肢特性によりボタンが押せない場合、代替のインタフェースを操作する	・通常のインタフェース操作 ・ゲームコントローラ操作 など	なし

言語能力	社内のアナウンスおよび表示文字を理解する能力	・運行組織内での意思疎通 ・乗客や周辺ステークホルダとの会話可能な言語能力	特に問わない
背景知識	目的地停留所名（不要な場合もあり）	交通法規、地理情報、運行時の天候情報など	一般的な交通安全教育

知的能力			
特徴的な適応力	特になし	安全対応への適応力	特になし
特定の精神障害	閉所、騒音等への対応	乗客およびステークホルダの安全を確保でき、運行組織の規定を満たしていること。	多様な特性

動機			
職務およびタスクへの態度（関心）	必然性、興味・趣味	憧れ、興味	-
当該製品（サービス）への態度（関心）	興味（自動運転バス）	憧れ、興味	-
情報技術への態度（関心）	どのように制御されているかや AI への関心（自動運転バス）	憧れ、興味	-
雇用組織への従業員の態度（配慮）	対象外	不明	-

身体的特性

	乗客	運転手 / 運行管理者	歩行者
年齢範囲	10 歳代〜 80 歳代	20 歳代〜 60 歳代	4 歳ぐらいから 100 歳ぐらい
代表的な年齢	幅広いため特定できない。	新しい技術のため、比較的低年齢層。20 歳代後半〜 30 歳代。	幅広いため特定できない。
性別	男女の割合は 50% ずつ	男女の割合は 50% ずつ	男女の割合は 50% ずつ
身体的制限事項および障がい	・車いす利用者 ・視覚特性 ・聴覚特性 ・その他特性 を有する場合は、乗降やコミュニケーションの際は支援が必要。	乗客およびステークホルダの安全を確保できること。	特になし

社会 / 組織環境

	乗客	運転手 / 運行管理者	歩行者
社会 / 組織環境	地域によっては、生活においてバス利用が必須。	地域によっては、生活においてバス利用が必須。	地域によっては、生活においてバス利用必須。
職務権限	-	運行時は原則自身で判断。	-
職歴			
勤務期間	-	運行会社規定による。労働基準法に従うこと。	-
現職務の長さ	-	-	-
労働 / 操作時間			
労働時間	-	運行会社規定による。労働基準法に従うこと。	-
製品の利用時間	-	勤務・労働時間内で行う。	
仕事の柔軟性	-	なし	-

タスク

	乗客	運転手 / 運行管理者	歩行者
特定したタスク	・乗降 ・降車意思表示のためのボタン押し	・運行操作 ・ドア開閉 ・周辺安全確認	-
ユーザビリティ評価を実施するタスク	同上	同上	-

タスクの特性

	乗客	運転手 / 運行管理者	歩行者
タスク目標	・安全に乗降できること ・確実に自分のペースでボタンが押せること	・既定路線を安全に時間通りで通過できること ・乗客の要求に応じて（停留所で待っている人も含む）、ドアの開閉を安全に行えること ・カメラを通じて周辺の安全を確認できていること	-
選択	バスを使う以外に移動手段があれば選択可能。	なし（従来バス）	-

タスク出力	・実際に正しく乗降できた ・正しくボタンが押せた	・既定路線を安全に時間通りで通過できた ・乗客の要求に応じて（停留所で待っている人も含む）、ドアの開閉を安全に行えた ・カメラを通じて周辺の安全を確認できた	-
リスク	・乗降時の躓き、転倒 ・ボタンの押し間違い、押し忘れ	・走行中の揺れなどによる乗客への影響 ・開閉タイミングのずれによる顧客の転倒 ・周辺ステークホルダへの危害	バスとのコミュニケーションが不十分な場合、接触等の事故につながる。
タスク頻度	1回の乗降において1度	ルートや停留所数に依存	-
タスク持続時間	10数秒	同上	-
タスクの柔軟性	なし	なし	-
身体的および精神的な辛さ			
	タスクに求められる辛さ	・段差の上り下り ・ボタンまでの腕の動き	安全運航を維持する緊張感	-
	他のタスクとの辛さの比較	比較はなし	なし	-
タスクに必要な物		・ステップ台 ・ボタン	操作インタフェース	-
関連タスク		-	-	-
安全		・乗降については安全を確認したうえで動作可能 ・ボタン押しは走行中のため、揺れに十分注意する必要がある	タスクそのもの	バスの接近時には十分注意する必要がある。
タスク出力の重要度		これらのタスクが行えなければ目的を達成することはできない。	これらのタスクが行えなければ目的を達成することはできない。	

組織環境

	乗客	運転手 / 運行管理者	歩行者
組織構造			
グループ作業	-	マネージャーとの共同作業であるが、運行は原則1人で実施。	-
支援	-	安全確保のための様々な情報は、システムだけでなく周囲からも得られる。	-
中断	-	やむを得ない場合を除き、運行を中断してはならない。	-
管理体制	-	組織によって異なる。	-
コミュニケーションの構造	-	同上	-
方針および文化			
IT ポリシー	-	-	-
組織目標	-	安全	-
労使関係	-	不明	-
作業者 / ユーザの管理			
パフォーマンスの監視	-	通常運行、無事故無違反。	-
パフォーマンスのフィードバック	-	組織を通じて受ける。	-
作業ペース	-	組織による。	-

技術環境

	乗客	運転手 / 運行管理者	歩行者
ハードウェア			
製品・システムの実行に必要なもの	-	・自動運転バスシステム ・道路情報 ・他車情報	-
製品利用時に生じがちなこと	-	通信障害	-
ソフトウェア			
製品の実行に必要なもの（例えばOS）	-	製品に依存。	-

製品利用時に生じがちなこと	-	乗客や他のステークホルダとのコミュニケーションミス	-
参考資料	-	-	-

物理環境

		乗客	運転手 / 運行管理者	歩行者
環境条件		不特定多数の乗客が集まるので、すべての人に十分な快適性を提供するのは困難であるが、最低限の環境条件は必須。	自動運転バスが運行されることが周知されていること。	-
	空調条件	-	通常オフィスと同等	-
	音響環境	-	通常オフィスと同等	-
	温熱環境	-	通常オフィスと同等	-
	視覚的環境	-	通常オフィスと同等	-
	環境の不安定さ	路面状態、天候等制御できない場合がある。	外部情報取得の際のネットワーク環境	-
作業環境デザイン				
	空間および什器	乗合自動車としての人間工学的設計	通常オフィスと同等	-
	ユーザ姿勢	・前向き椅子 ・横向き椅子 ・立位	通常オフィスと同等	-
場所				
	製品の設置場所	-	運行操作が行える十分な広さ	-
	作業場所	-	通常オフィスと同等	-
健康および安全へのリスク				
	健康被害	多人数密閉空間であることから、感染症対策が必要となる場合がある。	通常オフィスと同等	-
防護服および安全装置		不要	不要	-

6.3.3　利用状況、特定されたユーザニーズに基づいて生成されるユーザ要求事項の例

　ここでは、利用状況、特定されたユーザニーズに基づいて生成されるユー

ザ要求事項の例を一覧で示す。

設計する インタラクティブシステム	参照となる 利用状況	特定された ユーザニーズ	生成される ユーザ要求事項
自動運転バス	・交通法規を遵守し、規定のルートを走行。外部の物体（歩行者も含む）が危険範囲内に入った時には停止する。 ・乗客：バス停で停車し、ドアが開いたら乗降。車いすや各種特性を有する場合もある。 ・オペレータ：遠隔監視しているが、常時360度見渡しているわけではない。乗客の問いには対応できるようにしている。 ・歩行者：歩道や路肩を歩く、横断歩道を渡る。狭いところや横断歩道では車を意識し、運転手を見る。	・乗客は、自分が行きたい目的地へ行くバスかどうかを会話で確認できる必要がある。 ・白杖使用者、車いす使用者でも責任ある運行会社の人とやりとりしながら乗降できるようにする必要がある。 ・目的の停留所を通過しそうになった時に、すぐに意思を伝えてバスを止めてもらえるようにする必要がある。 ・オペレータは、乗客のニーズがすぐに伝わるよう、乗客の動き等を検知し、事前にアラームを出せるようにする必要がある。 ・歩行者は、自身の動きや意図を汲んで停止や徐行等の判断をできるようにする必要がある。	・マイクスイッチをON/OFFせずに、アバター等を介して通常の会話を実現するインタフェースを用意する。 ・サポートが必要な乗客の場合には、（例えば）対象者がバス停知覚にいることをカメラで検知したら、近くの商店と契約し、サポートする、など（責任あるサポートであることが重要）。 ・歩行者が横断しようとしている場合、歩行者の行動を認識したら、バスは停止し、OKまたはウインクサインを出して歩行者に意図を伝えるインタフェースを用意する。

6.4　事例：ネットバンキング

　ネットバンキングシステムは、金融機関の店舗やATMの減少に伴い、急速に広がっている。ここでは事例として、取引を行う口座保有者の利用状況の記述と生成されるユーザ要求事項を示す。

6.4.1　利用状況の初期段階の記述

　ネットバンキングシステムのユーザグループを対象とした利用状況の初期段階の分析結果を、以下に示す。

利用状況の要素	内容（状況）
システム、製品やサービス	銀行ネットバンキングシステム
ユーザグループの一般タイトル	銀行口座保有者
職務タイトル例（該当する場合）	取引
デモグラフィックデータ（もしあれば）（年齢、性別、規定の身体的属性）	・年齢：銀行での規定（18歳以上） ・性別：男性、女性、その他 ・身体的属性：特になし
目標	振込、残高照会等（現金を扱わない銀行での職務）
サポートとすべきと想定されるタスクと想定されるタスク実施能力	インターネット上での残高確認、振込先検索、振込
想定される組織／社会環境	1人暮らし
想定される物理的環境	インターネット環境
タスク完了に利用される想定される装置	パソコン、スマホ（タブレット）

6.4.2　利用状況の記述

　前述のユーザグループを対象に、第2章で説明した利用状況の記述に従って本システム（ネットバンキング）の利用状況を記述する。

ユーザグループ

考慮するユーザグループ		・インターネットで銀行と取引をする口座保有者。10歳代から70歳代。性別は問わない。 ・インターネット利用経験があること。 ・インターネット接続が可能な端末操作ができること（支援技術を用いても可）。 ・PC、タブレット、スマートフォン等の端末操作ができること。 ・取引に必要な情報は主に視覚情報であるため、視覚特性があるユーザに対してはUIの配慮が必要。
	ユーザグループの確認	・10歳代から70歳代（性別無関係）
		・インターネット利用経験者
		・端末操作可能者
	記載するユーザグループ	同上
二次または間接ユーザ		銀行職員
	製品とのインタラクション	銀行側のシステムとのインタラクションがある。
	出力結果による影響	顧客の操作の結果に対して銀行側が対応する場合がある。

技能および知識

製品がサポートするプロセスと手法の訓練と経験		・Web中心での操作になるので、普段Webサイトを利用しないユーザにとって、情報の取得が困難である。 ・情報そのものに対してタップやクリック等の操作が必要となるため、スマートフォンやPCの操作知識がある程度必要である。
利用経験		
	製品利用	本システム・サイトの利用経験ではなく、インターネットの利用経験が必要。
	主な機能が類似している他の製品の利用	-
	インタフェースの仕様またはOSが同じ製品の利用	-
訓練		
	主な機能によって提供されるタスク	金融取引のための操作
	主な機能の利用	残高照会、送金、投信など
	主な機能が類似した他の製品利用	-
	インタフェースの様式またはOSが同じ製品の利用	-
資質		特に必要なし

関連する入力のスキル	・スマートフォンを利用したタッチスクリーン画面操作ができる。 ・数字（金額）や人名入力、支店等検索のための入力操作が必要。
言語能力	通常の言語能力で可。
背景知識	金融取引に関する一般的な知識
知的能力	
特徴的な適応力	取引時の判断能力は必要。
特定の精神障害	取引時の判断能力は必要。
動機	
職務およびタスクへの態度（関心）	金融取引に関心がある。
当該製品（サービス）への態度（関心）	24 時間 365 日取引が可能であることへの関心がある。
情報技術への態度（関心）	どちらでもない。
雇用組織への従業員の態度（配慮）	-

身体的特性

年齢範囲	10 ～ 70 代
代表的な年齢	20 ～ 40 歳
性別	男女の割合は 50% ずつ
身体的制限事項および障がい	四肢喪失や弱視については、web 閲覧、また何らかの補完で web の内容が分かる状態であれば問題ない。

社会 / 組織環境

社会 / 組織環境	金融機関の店舗および ATM の減少
職務権限	特になし
職歴	関係なし
勤務期間	-
現職務の長さ	-
労働 / 操作時間	関係なし
労働時間	-
製品の利用時間	初見の場合、インタラクションの理解に時間を要する場合がある。
仕事の柔軟性	関係なし

タスク

特定したタスク	金融取引
ユーザビリティ評価を実施するタスク	振込

タスクの特性

タスク目標		指定した口座に決められた金額を振り込む。
選択		口座の指定、すでに登録済み、など。
タスク出力		振込完了確認情報、タスク後残高表示
リスク		・ネット環境に障害がおきて接続できなくなること ・情報漏洩の危険性
タスク頻度		不明
タスク持続時間		2分前後
タスクの柔軟性		なし
身体的および精神的な辛さ		
	タスクに求められる辛さ	金額や口座の入力ミスの回避
	他のタスクとの辛さの比較	不明
タスクに必要な物		・スマートフォン等インターネットに接続できる端末およびインターネット環境 ・金融口座
関連タスク		-
安全		-
タスク出力の重要度		-

6.4.3　利用状況、特定されたユーザニーズに基づいて生成されるユーザ要求事項の例

　ここでは、利用状況、特定されたユーザニーズに基づいて生成されるユーザ要求事項の例を一覧で示す。

設計する インタラクティブシステム	参照となる 利用状況	特定された ユーザニーズ	生成される ユーザ要求事項
ネットバンキング	パソコンやスマホ等の端末を用い、インターネットを利用して現金を扱わない銀行取引を24時間365日いつでもどこでも行える。銀行に口座があり、インターネットバンキングユーザ登録をした人であれば誰でも利用可能（身体的、認知的制約はない）。	ユーザはネットワーク上で安全に取引を行う必要がある。その際、取引先（例えば振込先）の確認、手数料、決済日時の情報を確認できるようにする必要がある。	・パスコードもしくは生体認証でログインできるようにする。 ・振込履歴の表示ができるようにする。 ・銀行名、支店名の一部から振込先が検索できるようにする。 ・口座番号を入力した後、画面上で確認できるようにする。 ・決済実行ボタン（もしくはキー入力）をする前に、手数料の表示、決済日時の情報提示を行い、ユーザに確認を要求する。

6.5　事例：組織内で用いるインハウスコミュニケーションシステム

6.5.1　システム概要

　本システムは、「業務上必要な情報収集、コミュニケーション」を行うアプリケーション群であり、業務そのものを遂行するためのものではない。いわゆる社員ポータル、情報共有のツール群、各種規約やお役立ち情報を検索・閲覧できる機能を有している。本システムの利用状況（ユーザグループ、目的/タスク、環境、資源）は、以下である。

ユーザグループ

考慮するユーザグループ		・対象は様々な IT スキルを有する全職員である。約 10000 人と想定。 ・タスクは出力（表示）情報の閲覧中心であるため、入力について通常の入力装置では入力が困難な場合は特別な入力装置を外付けで接続できるよう配慮する。 ・企業内のすべての従業員をユーザとすると、ユーザ特性は以下と考えられる。 　ユーザの IT スキル（割合）は、上級 33%、中級 33%、初級 33%
	ユーザグループの確認	・20 歳台後半から 50 歳台（性別無関係） ・インターネット利用経験者 ・端末操作可能者
	記載するユーザグループ	同上
二次または間接ユーザ		特になし
	製品とのインタラクション	特になし
	出力結果による影響	得られた情報によって業務の準備や行動が変わる人。

技能および知識

製品がサポートするプロセスと手法の訓練と経験	Web サイトの情報閲覧であるため、最低限の IT 経験は必要だが、それ以上の特別な訓練は不要。操作としては、情報そのものに対してタップやクリック等の操作が必要となるため、スマートフォンや PC の操作知識がある程度必要である。
利用経験	不問
製品利用	本システム・サイトの利用経験ではなく、インターネットの利用経験が必要。
主な機能が類似している他の製品の利	一般的なウェブブラウジング

インタフェースの仕様または OS が同じ製品の利用	一般的な OS で動作し、イントラネット環境が必要である。社外秘も扱っているため、相応のセキュリティレベルは必要。資源としては、イントラネットに接続可能な端末があればよい。専用端末である必要はない。
訓練	
主な機能によって提供されるタスク	特になし
主な機能の利用	通常の閲覧
資質	特に必要なし
関連する入力のスキル	基本的な IT スキル
言語能力	通常の母国語
背景知識	一般的な社会人としての知識
知的能力	
特徴的な適応力	該当なし
特定の精神障害	該当なし
動機	
職務およびタスクへの態度 (関心)	業務には直接関係ないが、会社（組織）情報であるため、関心はある。
当該製品 (サービス) への態度 (関心)	サービスそのものへは特になし。
情報技術への態度（関心）	技術そのものへは特になし。
雇用組織への従業員の態度（配慮）	特になし

身体的特性

年齢範囲	20 歳代後半から 50 歳代
代表的な年齢	幅広いため特定できない。
性別	男女の割合は 50% ずつ
身体的制限事項および障がい	・視覚：晴眼者を主たる対象とする。ただし Alt 属性の利用など読み上げソフトの利用を配慮する。 ・聴覚：聴覚に特性のある方も対象とする。報知音は使用しない。 ・色覚：特定の色覚特性にフォーカスするわけではないが、色に依存した表現を用いず、モノクロでも識別可能とする。 ・身体特性：今回は、マウス・キーボードを用いたオペレーションを前提とする。

社会 / 組織環境

社会 / 組織環境	通常の従業員
職務権限	立場によって異なる
職歴	
勤務期間	様々
現職務の長さ	様々
労働 / 操作時間	
労働時間	様々
製品の利用時間	様々
仕事の柔軟性	様々

タスク

特定したタスク	情報共有のツール群、各種規約やお役立ち情報を検索・閲覧、など。
ユーザビリティ評価を実施するタスク	情報共有のツール群、各種規約やお役立ち情報を検索・閲覧、など。

タスクの特性

タスク目標	業務上必要な情報収集および情報共有（コミュニケーション）
選択	情報の閲覧中心で入力はスケジュール入力等簡易な内容であるため、選択は特になし。
タスク出力	タスクは出力を必要としない。
リスク	社外秘も扱っているため、相応のセキュリティレベルは必要。
タスク頻度	毎日。1 日 2 〜 3 回。
タスク持続時間	1 回の操作は 10 分前後。
タスクの柔軟性	アクセスする時間帯：朝、昼休み前後、夕方
身体的および精神的な辛さ	
タスクに求められる辛さ	-
他のタスクとの辛さの比較	-
タスクに必要な物	イントラに接続可能な端末
関連タスク	-
安全	-
タスク出力の重要度	-

6.5.2　利用状況の初期段階の記述

　前項の内容に従って、本システムの幅広いユーザグループに対する利用状況の初期段階の分析結果を以下に示す。

システム、製品やサービス	組織内で用いるインハウスコミュニケーションシステム
ユーザグループの一般タイトル	組織内全職員
職務タイトル例	情報共有、コミュニケーション
デモグラフィックデータ	20 〜 50 歳代。男女
目標	業務上必要な情報収集および情報共有（コミュニケーション）
サポートすべきと想定されるタスクと想定されるタスク実施能力	・1 日 2 〜 3 回 ・1 回の操作時間：10 分程度 ・アクセスする時間帯：朝、昼休み前後、夕方 ・情報の閲覧中心（入力はスケジュール入力等簡易な内容） ・一般的なインターネット接続端末操作であるため、最低限の IT スキルが必要。 ・様々な特性がある方も想定するため、端末操作のための支援が必要。 　－ 視覚：晴眼者を主たる対象とする。ただし Alt 属性の利用など読み上げソフトの利用を配慮する。 　－ 聴覚：聴覚に特性のある方も対象とする。報知音は使用しない。 　－ 色覚：特定の色覚特性にフォーカスするわけではないが、色に依存した表現を用いず、モノクロでも識別可能とする。
想定される物理的環境	イントラネット環境、社内向け情報もあることが考えられるので、相応のセキュリティ施策。
タスク完了に利用される想定される装置	インターネットが接続可能な端末（パソコン / タブレット / スマートフォン）

6.5.3　ユーザニーズ報告書

　ここでは第3章で説明したユーザニーズ報告書の記述に従って本システム（組織内で用いるインハウスコミュニケーションシステム）のユーザニーズを報告する。本システムは組織の全職員が使うことが想定されているので、ユーザ層、ユーザ特性も様々であり、全てのユーザ要求を満たすことは困難である。そのため、ヒューマンインタフェースの方針として「大原則」を設定し、それに基づいたインタフェースをユーザ要求として抽出することとしている。ここではそのためのユーザニーズを抽出する。

タイトルページ	
報告書名および連絡先情報	組織内で用いるインハウスコミュニケーションシステム：ユーザニーズ報告書
ニーズ分析・評価の対象となったシステム、製品またはサービスの名前と、該当する場合はバージョン番号	組織内で用いるインハウスコミュニケーションシステム
ニーズ分析・評価を主導した人の特定	-
評価が行われた日付	yyy/mm/dd
報告書の作成日付	yyy/mm/dd
報告書を作成した人の氏名	-
エグゼクティブサマリー	
製品名	組織内で用いるインハウスコミュニケーションシステム
調査したユーザの組織およびユーザグループの概要	営利非営利を問わず、組織として活動している団体。※正式には具体的な企業名／団体名を記載
意図したユーザのニーズに関する情報の入手方法の概要	主に従業員ヒアリング、主管部門（総務等）による調査
特定されたユーザニーズのタイプの概要	情報ニーズ
ユーザニーズの根拠	ユーザニーズに関する情報の第三者による評価
序文	
	本システムは、「業務上必要な情報収集、コミュニケーション」を行うアプリケーション群であり、いわゆる社員ポータル、情報共有のツール群、各種規約やお役立ち情報を検索・閲覧できる機能を有している。対象ユーザは経営層を含めた全社員／従業員であり、組織内での様々な情報（規約、手続き、通達、など）を効率よく検索できること、また、必要に応じて各人が組織向けにセキュアに情報発信ができること、が求められる。
対象システム／製品／サービスの改善課題	
	情報がどこにあるかわかりにくい。

方法および手段	
	情報自体が非常に多岐にわたるため、代表事例だけを調査するのではなく、分類された情報グループごとに、また対象ユーザを年代別、職種別などに分類し、それらごとにヒアリングを実施する。
ユーザニーズの特定	
	・ユーザまたはユーザグループ：全従業員 　- 年代別 　- 職種別 　- 役職別 ・意図した成果 　- 探した情報を見つける 　- 見つけた情報を使える（手続きが行える） 　- 意図した相手に情報をセキュアに伝えられる ・前提条件 　- 社内外でのイントラネット接続 　- 情報セキュリティが保たれている ・利用状況 　- 上記の通り
特定された管理者 / 他のステークホルダのニーズ	
	特になし
特定されたパフォーマンス不足 / 課題 / 改善	
	・パフォーマンス不足 　- 検索で見つけられない 　- 情報にたどり着けない 　- リンク切れ ・課題 　- 社内情報がイントラネット外からアクセス可能となる 　- 情報発信が組織外に誤って発信されそうになったときにチェックして防ぐ仕組みがない ・改善 　- 上記への対応
統合されたユーザニーズ	
	・社員 / 従業員が必要な社内情報に効率よく確実にたどり着く必要がある。 ・社員 / 従業員が社内向けに情報発信をする際に、セキュアに行える必要がある。
推奨事項	
	特になし
補足情報	
システム / 製品 / サービスの内容、目的、制約条件	利用状況に書かれている通り。
データ収集機器	ヒアリング、イントラネットによるアンケート
データ要約	上述の通り。

6.6 事例：自治体業務支援システム

6.6.1 システム概要

　ここでは、自治体内の様々な業務に対応するアプリケーションとそれらをまとめたポータルについて、その利用状況の概要とユーザニーズの例を示す。本システムは組織内の様々な業務を遂行するためのアプリケーション群から構成される。それぞれの業務は独立であるため、アプリケーションも業務間で連携していない。しかしユーザは2～3年で業務が変更になり、それに応じて使用アプリケーションも変更となる。このため、担当業務が変更になったときにスムーズに移行・効率化できるように、操作手順や操作性といったヒューマンインタフェースを統一する必要がある。

　本システムの利用状況（ユーザグループ、目的/タスク、環境、資源）は、以下である。

ユーザグループ

考慮するユーザグループ		・対象は様々なITスキルを有する全職員である。約10000人と想定 ・タスクは出力（表示）情報の閲覧中心であるため、入力について通常の入力装置では、入力が困難な場合は特別な入力装置を外付けで接続できるよう配慮する。 ・自治体内でのすべての職員をユーザとすると、ユーザ特性は以下と考えられる。 　ユーザのITスキル（割合）は、上級33%、中級33%、初級33%
	ユーザグループの確認	・20歳台後半から40歳台（性別無関係） ・インターネット利用経験者 ・端末操作可能者
	記載するユーザグループ	同上
二次または間接ユーザ		特になし
	製品とのインタラクション	特になし
	出力結果による影響	得られた情報によって業務の準備や行動が変わる人。

技能および知識

製品がサポートするプロセスと手法の訓練と経験		Web サイトの情報閲覧であるため、最低限の IT 経験は必要。また、通常の表計算ソフト、文書作成ソフトが一通り使える程度。
利用経験		不問
製品利用		本システム・サイトの利用経験ではなく、インターネットの利用経験が必要。
主な機能が類似している他の製品の利用		一般的なウェブブラウジング
インタフェースの仕様または OS が同じ製品の利用		一般的な OS で動作し、イントラネット環境が必要である。機密事項も扱っているため、相応のセキュリティレベルは必要。資源としては、イントラネットに接続可能な端末があればよい。専用端末である必要はない。
訓練		
	主な機能によって提供されるタスク	特になし
	主な機能の利用	通常の閲覧
資質		特に必要なし
関連する入力のスキル		基本的な IT スキル
言語能力		通常の母国語
背景知識		業務知識
知的能力		
	特徴的な適応力	該当なし
	特定の精神障害	該当なし
動機		
	職務およびタスクへの態度 (関心)	業務に直結するため、高い関心度が必要。
	当該製品 (サービス) への態度 (関心)	サービスそのものへは特になし。
	情報技術への態度 (関心)	技術そのものへは特になし。
	雇用組織への従業員の態度 (配慮)	特になし

身体的特性

年齢範囲	20 歳代後半から 50 歳代
代表的な年齢	幅広いため特定できず
性別	男女の割合は 50% ずつ
身体的制限事項および障がい	・視覚：晴眼者を主たる対象とする。ただし Alt 属性の利用など読み上げソフトの利用を配慮する。 ・聴覚：聴覚に特性のある方も対象とする。報知音は使用しない。 ・色覚：特定の色覚特性にフォーカスするわけではないが、色に依存した表現を用いず、モノクロでも識別可能とする。 ・身体特性：今回は、マウス・キーボードを用いたオペレーションを前提とする。

社会 / 組織環境

職務権限		立場によって異なる
職歴		
	勤務期間	様々
	現職務の長さ	様々
労働 / 操作時間		
	労働時間	様々
	製品の利用時間	様々
仕事の柔軟性		様々

タスク

特定したタスク	ポータルから各業務アプリへアクセス
ユーザビリティ評価を実施するタスク	ポータルから各業務アプリへアクセス

タスクの特性

タスク目標	各アプリケーションに紐づけられた業務の遂行。
選択	業務を行っている間はそのアプリを使用している。
タスク出力	入出力操作は常に行う。
リスク	機密事項も扱っているため、相応のセキュリティレベルは必要。
タスク頻度	毎日
タスク持続時間	業務を行っている時間は常に持続。
タスクの柔軟性	-

身体的および精神的な辛さ	
タスクに求められる辛さ	-
他のタスクとの辛さの比較	-
タスクに必要な物	イントラに接続可能な端末
関連タスク	-
安全	-
タスク出力の重要度	-

6.6.2　利用状況の初期段階の記述

　本システム（自治体業務支援システム）を利用するユーザグループを対象とした利用状況の初期段階の分析結果を以下に示す。

システム、製品やサービス	自治体業務支援システム
ユーザグループの一般タイトル	自治体職員
職務タイトル例	文書管理、財務業務支援
デモグラフィックデータ	・20 〜 50 歳代 ・男女 ・様々な特性があっても支援技術等によりシステム操作ができること。
目標	ポータルから各業務支援アプリケーションにアクセスでき、アプリケーションを用いて業務が遂行できること。
サポートすべきと想定されるタスクと想定されるタスク実施能力	・業務の知識は有しており、ユーザの IT スキルは通常の表計算ソフト、文書作成ソフトが一通り使える程度。 ・インターネットに接続された端末を操作できること。
想定される物理的環境	インターネット環境
タスク完了に利用される想定される装置	インターネットが接続可能な端末 (パソコン / タブレット / スマートフォン)

6.6.3 ユーザニーズ報告書

ここでは、第3章で説明したユーザニーズ報告書の記述に従って本システム（自治体業務支援システム）のユーザニーズを報告する。このシステムは業務アプリケーション全体をとりまとめるポータルと各業務の遂行を支援するアプリケーション群から成り立ち、ここでは一般的な観点でのユーザニーズを抽出する。

タイトルページ	
報告書名および連絡先情報	自治体業務支援システム：ユーザニーズ報告書
ニーズ分析・評価の対象となったシステム、製品またはサービスの名前と、該当する場合はバージョン番号	自治体業務支援システム
ニーズ分析・評価を主導した人の特定	-
評価が行われた日付	yyy/mm/dd
報告書の作成日付	yyy/mm/dd
報告書を作成した人の氏名	-
エグゼクティブサマリー	
製品名	自治体業務支援システム
調査したユーザの組織およびユーザグループの概要	比較的小規模であるが、業務のデジタル化が進んでいる自治体を想定。
意図したユーザのニーズに関する情報の入手方法の概要	従業員ヒアリング、主管部門（総務等）による調査、およびシステムの評価改善に関わる担当者による観察。
特定されたユーザニーズのタイプの概要	・情報ニーズ ・処理ニーズ
ユーザニーズの根拠	ユーザニーズに関する情報の第三者による評価。
序文	
	本システムでは業務ごとにアプリケーションが異なるが、ユーザは2～3年ごとに交代（異動）し、異動先で新たな業務を覚えることになる。業務が変わってもアプリケーションのヒューマンインタフェースが同一であれば、ユーザはそれについて新たに勉強する必要がなく、効率的に新しい業務に以降することができる。このため、業務の特徴を考慮しつつ、ヒューマンインタフェースの統一化が求められる。
対象システム / 製品 / サービスの改善課題	
	・アプリケーションごとに画面のユーザインタフェースが異なる。 ・操作プロセス等のヒューマンインタフェースが異なるため、業務変更による使用アプリケーション変更の際、操作できるようになるために時間を要する。

方法および手段	
	従業員ヒアリング、主管部門（総務等）による調査、およびシステムの評価改善に関わる担当者による観察評価。さらにユーザビリティ専門家によるヒューリスティック評価も有効である。
ユーザニーズの特定	
	・ユーザまたはユーザグループ：業務従事者 　- 役職別 ・意図した成果 　- 業務を遂行する 　- 業務変更時にアプリケーション移行もスムーズにできる ・前提条件 　- 職場でのイントラネット接続 　- 情報セキュリティが保たれている ・利用状況 　- 上記の通り
特定された管理者 / 他のステークホルダのニーズ	
	特になし
特定されたパフォーマンス不足 / 課題 / 改善	
	・パフォーマンス不足 　- 業務支援機能の不足 ・課題 　- HI/UI の統一性がない ・改善 　- 上記への対応
統合されたユーザニーズ	
	各アプリケーション間でのスムーズな移行が実現できるために、HI/UI の統一性があること。
推奨事項	
	特になし
補足情報	
システム / 製品 / サービスの内容、目的、制約条件	利用状況に書かれている通り。
データ収集機器	ヒアリング、イントラネットによるアンケート、第三者による観察。
データ要約	上述の通り。

6.7 事例：クルーズ観光予約サイト

6.7.1 システム概要

　クルーズ観光を予約するサイトについて、ユーザ要求事項を記述する事例を示す。本システムは、北海道の海岸の観光地を巡る観光船を予約するものである。本システムの利用状況の概要は次のようになる。なお、本項ではタスク分類とユーザ要求事項にフォーカスして解説するため、ユーザグループの分析は簡略化している。

(1) ユーザグループ

　観光客である。年齢層は、20～60代で、クルーズ船で有名な洞窟巡りを希望している人たち。想定しているのは、1人の場合、友人同士、恋人そして家族の代表である。今回は、以前から知っていた観光サービスではなく、北海道を訪れて初めて知り、余裕のある時間を使って申し込もうとしている人々を想定する。また、クルーズ船に乗るのは初めてで、海難事故防止のための基本的なルールを知らないものとする。

(2) ユーザ目標とタスク

　ユーザ目標は、クルーズ観光を予約することである。タスクは、次の表のようになる。

コード	タスク
T01	費用を確認する。
T02	就航時間を確認する。
T03	注意事項を確認する。
T04	乗船を予約する。
T0401	開いている時間を確認する。
T0402	予約する時間枠を指定する。
T0403	人数を指定する。
T0404	支払方法を指定する。
T0405	支払いを決済する。
T05	予約の確認を受け取る。

6.7.2　クルーズ観光予約サイトのユーザ要求事項

6.7.1 項のタスクを基にサイトのユーザ要求事項を記述したものが、次の表である。

コード	ユーザ要求事項
タスク：T01 就航時間枠を確認する。	
U_IR01.1	利用者は、2 週間分の就航時間枠を把握できなければならない。
U_IR01.2	利用者は、2 週間分の就航時間枠に何名の残があるかを把握できなければならない。
U_IR01.3	利用者は、就航時間の変更規定があることを認識できなければならない。
U_IR01.4	利用者は、就航時間の変更規定の内容を理解できなければならない。
U_IR01.5	利用者は、乗船が可能な人の属性や条件が書いてあることを認識できなければならない。
U_IR01.6	利用者は、乗船が可能な人の属性や条件を理解できなければならない。
タスク：T02 注意事項を確認する。	
U_IR02.1	利用者は、就航を取りやめる条件が書いてあることを認識できなければならない。
U_IR02.2	利用者は、就航を取りやめる条件を理解できなければならない。
U_IR02.3	利用者は、乗船に際しての禁止行為が書いてあることを認識できなければならない。
U_IR02.4	利用者は、乗船に際しての禁止行為を理解できなければならない。
U_IR02.5	利用者は、乗船に際しての準備の説明があることを認識できなければならない。
U_IR02.6	利用者は、乗船に際しての準備を理解できなければならない。
U_IR02.7	利用者は、利用できない人の条件や状況の説明を認識できなければならない。
U_IR02.8	利用者は、利用できない人の条件や状況を理解できなければならない。
タスク：T03 料金を確認する。	
U_IR03.1	利用者は、予約ページから移動することなく料金を認識できなければならない。
U_IR03.2	利用者は、属性による料金の違いを把握できなければならない。
U_IR03.3	利用者は、キャンセル料に関する規定を理解できなければならない。
U_IR03.4	利用者は、出航できない際の払い戻しの情報を理解できなければならない。
タスク：T04 乗船を予約する。	
U_IR04.1	利用者は、予約の手順を理解できなければならない。
サブタスク：T0401 乗船する時間枠を指定する。	
U_IR0401.1	利用者は、希望する時間枠を指定できなければならない。
U_IR0401.2	利用者は、キャンセルが出た場合の優先予約を指定できなければならない。
サブタスク：T0402 人数を指定する。	
U_IR0402.1	利用者は、乗船する人数を指定できなければならない。
U_IR0402.2	利用者は、乗船する人数を指定できない場合は、乗船可能な人数を知ることができなければならない。

サブタスク：T0403 支払方法を完了する。	
U_IR0403.1	利用者は、自分に合った支払い方法を選択できなければならない。
U_IR0403.2	利用者は、支払いを完了できなければならない。
U_IR0403.3	利用者は、支払いが完了した証明を入手できなければならない。
タスク：T05 予約の確認を受け取る。	
U_IR05.1	利用者は、予約が完了した証明を入手できなければならない。

6.8　事例：ワイヤレスディスプレイアダプタ

6.8.1　システム概要

　プロジェクタとPCをワイヤレスで接続し、プロジェクタを介してPCの表示内容を投影するためのデバイス。特徴として、Wi-Fi環境がなくとも接続でき、移動時に負担にならない程度に軽量化されているものとする。なお、本項ではタスク分類とユーザ要求事項にフォーカスして解説するため、ユーザグループの分析は簡略化している。

(1) ユーザグループ

　20～50代で、顧客先で事業提案などのプレゼンテーションをするビジネスパーソン。日常的にPCなどで業務を遂行し、様々な場所でプレゼンテーションを行っている。プレゼンテーション用のソフトウェアは常に同じものを使っている。

(2) ユーザ目標とタスク

　ユーザ目標は、準備したプレゼン資料をスムーズに投影し、プレゼンを円滑に終えることである。タスクは、次の表のようになる。

コード	タスク
T01	機器接続前の事前設定をする。
T02	パソコンとプロジェクタを接続する。
T021	アダプタをプロジェクタに接続する。
T022	パソコンとプロジェクタとを接続する。
T03	プレゼン資料の投影テストをする。
T04	プレゼン資料（動画付き）を滞りなく説明する。
T05	プレゼンを終えて片付ける。

6.8.2　ワイヤレスディスプレイアダプタのユーザ要求事項

　上記の表に記載されているタスクを基にディスプレイアダプタのユーザ要求事項を記述したものが、次の表である。

コード	ユーザ要求事項
タスク：T01 機器接続前の事前設定をする。	
U_IR1.1	ユーザは、アダプタ接続に必要な設定を正しく終了できなければならない。
U_QR1.1	90% 以上のユーザは、アダプタ接続に必要な条件を正しく理解できなければならない。
タスク：T02 アダプタをプロジェクタに接続する。	
U_IR2.1	ユーザは、対象のプロジェクタが必要条件を満たしているかどうかを理解できなければならない。
U_QR2.1	プレゼンを行う 90%以上のユーザは、対象プロジェクタが必要条件を満たしていることを理解できなければならない。
U_IR2.2	ユーザは、アダプタをどこに接続すれば良いかがわからなければならない。
U_QR2.2	90%以上のユーザは、投影するアダプタをどこに接続すれば良いかがわからなければならない。
U_IR2.3	ユーザは、プロジェクタがアダプタを正しく接続できたことを確認できなければならない。
U_QR2.3.1	ユーザは、1 分以内に条件に適する全ての機器に接続できなければならない。
U_QR2.3.2	ユーザは、条件に適する全ての機器に 2 回以内の差し直しで接続できなければならない。
U_QR2.3.3	90% 以上のユーザは、アダプタを正しく接続できたことを確認できなければならない。
タスク：T03 パソコンとプロジェクタとを接続する。	
U_IR3.1	ユーザは、パソコンがアダプタを認識できたことを確認できなければならない。
U_QR3.1.1	ユーザは、30 秒以内にパソコンがアダプタを認識できたことを確認できなければならない。
U_QR3.1.2	ユーザは、2 回以下の試行錯誤でパソコンがアダプタを認識できたことを確認できなければならない。
U_QR3.1.3	90% 以上のユーザは、パソコンがアダプタを認識できたことを確認できなければならない。
U_IR3.2	ユーザは、パソコンがプロジェクタに接続できたことを確認できなければならない。
U_QR3.2.1	ユーザは、30 秒以内にパソコンとアダプタが接続できたことを確認できなければならない。
U_QR3.2.2	ユーザは、1 ステップ以内の操作でパソコンとアダプタが接続できたことを確認できなければならない。
U_QR3.2.3	90% 以上のユーザは、パソコンとアダプタが接続できたことを確認できなければならない。
U_IR3.3	ユーザは、パソコンからプロジェクタへ投影できることを確認できなければならない。
U_QR3.3.1	90% 以上のユーザは、パソコンからプロジェクタへ投影できることを確認できなければならない。
タスク：T04 プレゼン資料 (動画付き) を投影する。	
U_IR4.1	ユーザは、対象プレゼン資料をプロジェクタから投影できたことを確認できなければならない。
U_QR4.1.1	ユーザは、対象プレゼン資料をプロジェクタから投影できたことを 30 秒以内に確認できなければならない。
U_QR4.1.2	ユーザは、対象プレゼン資料をプロジェクタから投影できたことを 2 回以下の試行錯誤で確認できなければならない。
U_QR4.1.3	90% 以上のユーザは、対象プレゼン資料をプロジェクタから投影できたことを確認できなければならない。

U_IR4.2	ユーザは、動画と音声が適切に投影できることを確認できなければならない。
U_QR4.2.1	ユーザは、動画と音声が適切に投影できることを30秒以内に確認できなければならない。
U_QR4.2.2	ユーザは、動画と音声が適切に投影できることを2回以下の試行錯誤で確認できなければならない。
U_QR4.2.3	90%以上のユーザは、動画と音声が適切に投影できることを確認できなければならない。
タスク：T05 プレゼン資料（動画付き）を滞りなく説明する。	
U_IR5.1	ユーザは、途中で途切れることなく説明を続けられなければならない。
U_QR5.1.2	ユーザは、途中で途切れることがあっても1回以内の試行錯誤で続けられなければならない。
U_QR5.1.3	99%以上のユーザは、途中で途切れることなく説明を続けられなければならない。
U_IR5.2	ユーザは、他のユーザがアダプタに割り込めないようにできなければならない。
U_QR5.2.1	60%以上のユーザは、他のユーザがアダプタに割り込めないようにできなければならない。
U_QR5.2.2	ユーザは、他のユーザがアダプタに割り込んだ場合、2ステップ以内で復旧できなければならない。
タスク：T06 プレゼンを終えて片付ける。	
U_IR6.1	ユーザは、アダプタを外せなければならない。
U_QR6.1.1	ユーザは、15秒以内にアダプタを外せなければならない。
U_QR6.1.2	ユーザは、誤りなくアダプタを外せなければならない。
U_QR6.1.3	90%以上のユーザは、正しくアダプタを外せなければならない。
タスク：全タスク（総合的な要求）	
U_QR0.1	95%以上のユーザは、利用を満足しなければならない。
U_QR0.2	80%以上のユーザは、次回も同様のシステムで使い続けたいと考えなければならない。
U_QR0.3	60%以上のユーザは、他のユーザが利用しているのを見て購買を希望しなければならない。

6.9 事例：害獣監視カメラシステム

6.9.1 システム概要

　農場にテレビカメラシステムを配置し、侵入した害獣を特定して、被害を最小限に抑えるために対策を講じるシステムである。様々に配置されたカメラからの複数の画像を撮影するシステムと、それらを定期的に分析するシステムから構成される。被害が発生した場合はいち早く報告書を作成し、諸団体（農協や役所）に報告し、関係者と共有する。なお、本項では対象ユーザがかなり限定的であるため、ユーザグループの記述は簡略化してある。

(1) ユーザグループ

　20〜50代の日常的に専業で農業に従事している人。山間での農業に従事しているため、キツネ、鹿、タヌキ、熊などの動物による被害を受けている。農業が主業務であるため、常時監視できないため、定期的に時間を作って、録画された監視データを分析している。被害があった場合は、町役場の担当者に被害状況と証拠の画像を送っている。

(2) ユーザ目標とタスク

　タスクの事例を考えるにあたり、以下の3つのシーンを想定する。
①カメラを農場に設置する、システムの導入時
②実際にカメラによる監視する平常の運用時
③害獣の被害があった場合に対応時
　具体的には、次の表に示すように3つのシーンそれぞれにユーザ目標を設定し、目標ごとにタスクを設定した。

コード	タスク
ユーザ目標：農場内の適切な位置にカメラを設置する。	
T0101	農場にカメラを設置する。
T0102	映しだされる映像を確認する。
T0103	映像の録画を開始する。
ユーザ目標：記録データを分析し、問題を特定する。	
T0201	記録データを特定し入手する。
T0202	農地の問題状況を発見する。
T0203	被害場所に出向く。
ユーザ目標：被害状況を関連組織と共有する。	
T0301	被害報告書を関連組織に送信する。

6.9.2　害獣監視システムのユーザ要求事項

　6.9.1項のタスクを基に害獣監視カメラシステムのユーザ要求事項を記述したものが、次の表である。

コード	ユーザ要求事項
ユーザ目標：農場内の適切な位置にカメラを設置する。	
T0101 農場にカメラを設置する。	
U_IR0101.1	農場管理者は、カメラを実際に設置する前に地図上に適切な位置を特定できなければならない。
U_IR0101.2	農場管理者は、予算に応じて必要なカメラ台数を算出できなければならない。
U_IR0101.3	農場管理者は、実際にカメラを設置した場所が事前に特定した場所であることを確認できなければならない。
T0102 映しだされる映像を確認する。	
U_IR0102.1	農場管理者は、必要な映像が全て映っていることを確認できなければならない。
U_IR0102.2	農場管理者は、映し出される映像が農地のどこにあたるかを確認できなければならない。
U_QR0102.2	農場管理者は、映し出される映像が農地のどこにあたるかを即座（5秒以内）に確認できなければならない。
U_IR0102.3	農場管理者は、映し出される映像が農地をどの程度をカバーしているかを確認できなければならない。
U_IR0102.4	農場管理者は、映し出せない領域がどこかを確認できなければならない。
U_IR0102.5	農場管理者は、映し出される領域に応じて、カメラの位置を調整できなければならない。

T0103 映像の録画を開始する。	
U_IR0103.1	農場管理者は、映像を記録する方法（メディアかクラウドか）を選択できなければならない。
U_IR0103.2	農場管理者は、決められた時間内の映像を全て記録できなければならない。
U_IR0103.3	農場管理者は、記録された映像の内容を特定できなければならない。
U_QR0103.3	農場管理者は、記録された映像の内容を即座に特定できなければならない。
U_IR0103.4	農場管理者は、記録された映像の再生方法を理解できなければならない。
ユーザ目標：記録データを分析し、問題を特定する。	
T0201 記録データを特定し入手する。	
U_IR0201.1	農場管理者は、分析対象の記録データを特定できなければならない。
U_QR0201.1	農場管理者は、分析対象の記録データを 1 分以内に特定できなければならない。
U_IR0201.2	農場管理者は、入手したデータを保存できる十分な容量の場所を確保できなければならない。
T0202 農地の問題状況を発見する。	
U_IR0202.1	農場管理者は、保存した録画情報（ファイル）を後に識別できなければならない。
U_IR0202.2	農場管理者は、映像から害獣の被害にあったことを発見できなければならない。
U_QR0202.2	農場管理者は、映像を見た段階で害獣の被害にあったことを即座に発見できなければならない。
U_IR0202.3	農場管理者は、侵入した害獣を特定できなければならない。
U_QR0202.3	農場管理者は、映像を見た段階で侵入した害獣を即座に特定できなければならない。
U_IR0202.4	農場管理者は、作物の被害状況を把握できなければならない。
U_QR0202.4	農場管理者は、分析終了後 1 時間以内に作物の全体の被害状況を把握できなければならない。
T0203 被害場所に出向く。	
U_IR0203.1	農場管理者は、被害にあった場所を特定できなければならない。
U_IR0203.2	農場管理者は、被害状況を直接確認できなければならない。
ユーザ目標：被害状況を関連組織と共有する。	
T0301 被害報告書を関連組織に送信する。	
U_IR0301.1	農場管理者は、問題状況にある画像、動画をまとめられなければならない。
U_QR0301.1	農場管理者は、問題状況にある画像、動画を分析終了後 1 時間以内にまとめられなければならない。
U_IR0301.2	農場管理者は、問題状況の報告書をまとめられなければならない。
U_IR0301.3	農場管理者は、問題状況の報告書を関連組織に送信できなければならない。

参考文献

[1]　日本規格協会：『JISハンドブック37-3 人間工学』，2023.

[2]　一般社団法人 日本人間工学会.
https://www.ergonomics.jp/（2024年2月22日最終閲覧）

[3]　福住伸一，平沢尚毅，小林大二：『ユーザビリティのための産業共通様式と人間中心設計プロセス―国際標準の全貌とその使い方―』，日本規格協会，2021.

[4]　一般社団法人情報処理学会 情報規格調査会.
https://itscj.ipsj.or.jp/committee-activities/report/SC7-2022.html（2024年2月22日最終閲覧）

[5]　福住伸一：ソフトウェア品質標準(SQuaRE)におけるusabiltyの問題と提案，FIT2023，2023.

[6]　澤虹之助，野田夏子，福住伸一：大学生が持つAIイメージのアンケート調査報告，日本ソフトウェア科学会 第36回大会，2019.

[7]　福住伸一，氏家弘裕：情報分野における人間工学国際規格への取り組み，『情報処理デジタルプラクティス論文誌』，Vol. 10，No.1，2019.

[8]　ISO/IEC 17000: Conformity assessment—Vocabulary and general principles, 2020.

[9]　福住伸一，笠松慶子：『製品開発のためのHCD実践―ユーザの心を動かすモノづくり』，近代科学社，2021.

索引

著者紹介

福住 伸一 （ふくずみ しんいち）

国立研究開発法人理化学研究所革新知能統合研究センター 副チームリーダー
東京都立大学客員教授、公立千歳科学技術大学客員教授、（一社）人間中心社会共創機構理事
1986年慶應義塾大学大学院工学研究科修士課程修了。同年NEC入社。2018年4月より理化学
研究所。東京大学情報学環客員研究員。工学博士（慶應義塾大学）、認定人間工学専門家。
科学技術の社会受容性の研究、ヒューマンインタフェースの心理学的・生理学的研究およ
び人間中心設計プロセス関連の研究開発に従事。日本人間工学会理事、人間工学専門家認
定機構長、ヒューマンインタフェース学会理事・監事を歴任。
2008年より金沢工業大学感動デザイン研究所非常勤講師、2010年より首都大学東京（現東
京都立大学）大学院システムデザイン専攻非常勤講師、2014年度はこだて未来大学客員教
授。ISO TC159（人間工学）/SC4(HCI)国内委員会主査および国際エキスパート。ISO/IEC
JTC1/SC7（ソフトウェアエンジニアリング）Quality in Use 国際チーフエディタ。2020
年よりISO TC159/SC4-ISO/IEC JTC1/SC7 Joint Working Group28 (Common Industry
Format for usability)共同議長。2021年度経済産業省産業標準化事業経済産業大臣賞受賞、
2023年度情報処理学会国際規格開発賞受賞。

平沢 尚毅 （ひらさわ なおたけ）

小樽商科大学商学部教授
（一社）人間中心社会共創機構理事、ISO TC159/SC4/WG5&WG6およびISO TC159/
SC4-ISO/IEC JTC1/SC7 Joint Working Group28 国内審議委員
1990年小樽商科大学助手、2009年教授、現在に至る。1996年HUSAT客員研究員、2005
年（特非）人間中心設計推進機構創設メンバー。
主に人間中心設計プロセスマネジメントに関する研究に従事。
人間中心設計推進機構理事、電子政府推進委員北海道地区会長、国立大学法人情報系セン
ター協議会会長、日本人間工学会理事等を歴任。

◎本書スタッフ
編集長：石井 沙知
編集：石井 沙知
図表製作協力：菊池 周二
表紙デザイン：tplot.inc 中沢 岳志
技術開発・システム支援：インプレス NextPublishing

●本書の内容についてのお問い合わせ先
近代科学社Digital　メール窓口
kdd-info@kindaikagaku.co.jp
件名に「『本書名』問い合わせ係」と明記してお送りください。
電話やFAX，郵便でのご質問にはお答えできません。返信までには，しばらくお時間をい
ただく場合があります。なお，本書の範囲を超えるご質問にはお答えしかねますので，あ
らかじめご了承ください。

詳説 ユーザビリティのための産業共通様式

2024年3月29日　初版発行Ver.1.0

著　者	福住 伸一, 平沢 尚毅
発行人	大塚 浩昭
発　行	近代科学社Digital
販　売	株式会社 近代科学社
	〒101-0051
	東京都千代田区神田神保町1丁目105番地
	https://www.kindaikagaku.co.jp

印刷・製本　京葉流通倉庫株式会社
Printed in Japan

ISBN978-4-7649-0685-3

近代科学社 Digital は、株式会社近代科学社が推進する21世紀型の理工系出版レーベルです。デジタルパワーを積極活用することで、オンデマンド型のスピーディで持続可能な出版モデルを提案します。

近代科学社 Digital は株式会社インプレス R&D が開発したデジタルファースト出版プラットフォーム "NextPublishing" との協業で実現しています。